AF610137

1213

COCHINCHINE FRANÇAISE

EXCURSION

DANS LE

CAMBODGE

ET LE

ROYAUME DE SIAM

PAR A. PAVIE

SAIGON
IMPRIMERIE DU GOUVERNEMENT

1884

10
260 K

COCHINCHINE FRANÇAISE

8834

EXCURSION

DANS

LE CAMBODGE

ET LE

ROYAUME DE SIAM

PAR A. PAVIE

SAIGON
IMPRIMERIE DU GOUVERNEMENT
—
1884

Lk 10
260

DÉDIÉ

A

MONSIEUR CHARLES THOMSON

Gouverneur de la Cochinchine.

A. PAVIE.

Saigon, le 1er juillet 1884.

EXCURSION DANS LE CAMBODGE ET LE ROYAUME DE SIAM.

I.

Lorsqu'autrefois on avait à se rendre de Pnom-penh à Kampot, il fallait aller chercher à Oudon l'unique voie qui y conduisait et s'y procurer des moyens de transport.

Fréquents et nombreux étaient les convois qui partaient de cette dernière ville pour le petit port où s'embarquait la plus grande partie des produits du Cambodge.

Bien entretenue, large, unie, ouverte à travers la forêt dont les grands arbres l'ombrageaient, la route semblait une immense avenue.

Huit postes de relais, pour les voitures et les piétons marchant pour le service du gouvernement cambodgien, étaient établis à des distances à peu près régulières les uns des autres; c'étaient :

Oudong, Antong-kravien (anguille enroulée), Bung-srang (lac du Bain), Tram-tra, Trepang-krepeuh (mare des caïmans), Lebath, Arenhiem et Kompong-bay (rivage du riz).

Appelés *domnac* par les Cambodgiens, ils avaient, pendant l'occupation annamite, reçu de ce peuple le nom de *tram*, qui a subsisté et prévaut encore pour plusieurs.

Chacun d'eux avait une maison de repos pour les voyageurs; spacieuses, divisées en compartiments, on y trouvait un confortable relatif et, quoiqu'elles fussent souvent éloignées des villages, on pouvait, grâce aux hommes de service, s'y procurer les provisions les plus indispensables.

Lorsque la conquête française eut rendu la voie de Saigon sûre pour le commerce, celle d'Oudon à Kampot fut peu à peu délaissée, et quand plus tard, en 1865, la cour cambodgienne vint définitivement se fixer à Pnom-penh, les mandarins, les négociants que les affaires appelaient sur les bords du golfe, trouvant inutile d'aller à Oudon, furent, en passant par Compong-toul, rejoindre la route au passage de Thvéa-domrey (porte des éléphants), malgré les difficultés qu'offrait alors cette région presque inhabitée et couverte de forêts. Le trajet était ainsi abrégé de plusieurs jours.

Par suite de l'établissement de la ligne télégraphique dans la même direction, en 1872, quelques travaux d'élagage et de débroussaillement furent faits, des postes de relais installés; la nouvelle voie se trouva créée.

Les Cambodgiens donnent le nom de *prec* à la plupart des fleuves et à un certain nombre de rivières; celui de *stung* aux rivières en général; ils nomment les ruisseaux *au* et les torrents *cherro*. Il n'y a guère que le Grand-Fleuve, le bras du Lac, le fleuve Postérieur et le lac Chhma qui portent le nom de *tonlé*.

Traversée par le prec Thnott, par les stungs Sla-Kou, anlong Mac-Prang et quelques ruisseaux peu importants à sec pendant les premiers mois de l'année, la route longe les petites chaînes de Pnom-Srouch (pointue), Pnom-Bac-Nimm (joug cassé), et passe 15 kilomètres avant d'arriver à Kompong-Bay, le défilé de Thvéa-Domrey. La distance totale de Pnom-Penh à ce dernier village, résidence du gouverneur de Kampot, est d'environ 150 kilomètres.

Le pays compris dans son itinéraire appartient aux provinces de Kandal-Stung (milieu du stung), Bati, Treang (nom du palmier Rhapis), Bantéay-Méas (citadelle dorée) et Kampot.

Elle peut être parcourue en trois jours et demi, même dans la saison des pluies, à éléphant ou en voiture à bœufs, à la condition, dans ce dernier cas, d'avoir des charrettes de rechange prêtes aux stations.

Celles-ci sont au nombre de six : Kompong-Toul (rive élevée), Kna, Sla-Kou, Kou, Mac-Prang (nom d'un arbre fruitier) et Domnac-Touc.

Le gonflement des cours d'eau ne crée pas de difficultés sérieuses, des barques étant disposées pour en faciliter le passage. L'obstacle le plus grave pourrait venir de l'inondation du Grand-Fleuve qui, si elle est forte, noie le pays jusqu'au prec Thnott et oblige à faire la première étape en pirogue.

Au début, en partant de Pnom-Penh, on suivait la chaussée d'Oudon pendant les 7 ou 8 premiers kilomètres, mais le mauvais état de ses ponts lui ont fait, depuis quelques années, préférer les sentiers qui, à travers la plaine, vont joindre la ligne télégraphique à l'endroit où elle quitte cette première voie.

Un pont en bois suffisant pour les éléphants, jeté à la sortie de la ville sur le petit arroyo qui la traverse et relie le fleuve aux étangs de Koc (aigrette) et de Poum-Pey, est leur point de départ.

Le terrain qu'ils parcourent, lieu de nombreuses sépultures, inculte, couvert de hautes herbes, de broussailles, d'arbres communs, change d'aspect à l'approche de la route. Celle-ci, uniquement tracée par les nombreuses charrettes qui la fréquentent, est animée par les bandes de gens des campagnes allant, surtout pendant la belle saison, à Pnom-Penh, porter les produits de leurs champs et faire leurs achats. Elle court, jusqu'à Kompong-Toul, au milieu de rizières interrompues à chaque instant par des clairières, des lambeaux de forêt qui, tour à tour, montrent et dérobent à l'œil quelques petits hameaux éparpillés sous les palmiers à sucre *(Borassus flabelliformis)*, des pagodes délabrées que de vieux arbres ombragent.

La population, peu nombreuse, cultive du riz, fait du sucre de palme et élève des bœufs qu'on rencontre de temps en temps par bandes de vingt à trente têtes.

Un autre chemin, partant du même point, conduit également à Kompong-Toul; il abrége le trajet d'environ 3 kilomètres, mais n'est guère suivi que par les éléphants dans les derniers mois de sécheresse.

Ce village, formé d'une trentaine de cases groupées autour de la maison des voyageurs et d'autant d'autres isolées dans les champs, fait partie de la province de Kandal-Stung.

Situé sur la rive droite du prec Thnott, à 24 kilomètres de Pnom-Penh, il est habité par des cultivateurs cambodgiens, des marchands chinois et quelques Annamites forgerons ou coolies. Outre le riz, on y cultive un peu de mûrier, de tabac et d'indigo. Sa position au bord de la rivière en fait, aux hautes eaux, le centre d'un petit mouvement commercial qui a pour base les bois de teinture, particulièrement le sapan *(Cæsalpinia sappan)* et les produits des forêts qu'on rencontre en la remontant.

Large de 70 à 80 mètres, profond de 7 à 8 dans la saison des pluies, c'est à peine si, pendant le reste de l'année, le prec Thnott roule un pied d'eau sur un lit de sable et de gravier. Les nombreux hameaux parsemés sur ses rives bien cultivées lui donnent un aspect plein d'animation.

Il est la réunion de trois stungs portant le nom des montagnes qui leur donnent naissance. Ce sont : le stung Dach-Pedao, venant de la province de Kompong-Somm ; le stung Relach-Câng-Choeung, venant de celle de Thepong, et le stung Aral, de celle de Somrong-Tong. Les deux premiers se joignent au village de Tma-Col (Pierre borne); ils reçoivent le troisième un peu plus bas sur leur rive droite.

Principal affluent du fleuve Postérieur, le prec Thnott (nom du palmier à sucre) n'en a lui-même qu'un seul important, c'est le Anlong-arac (gouffre du diable), qu'il reçoit à droite, entre les villages de Crang-Summa et de Kreché, province de Somrong-Tong. Ce dernier cours d'eau, dont il sera question plus loin, est navigable pendant une partie de sa course.

Pour atteindre Kna, le deuxième relais, la route traverse d'abord une plaine cultivée en rizières, au milieu de laquelle croissent en abondance des palmiers à sucre abritant de temps à autre une case isolée. Un petit ruisseau, qui vient de Pnom-Srouch et va au prec Thnott, sépare ces champs d'une forêt chétive; des bambous, des broussailles, des arbres grêles poussent sur un sol sablonneux à peine couvert d'herbe. Le chemin est défoncé, plein d'ornières qui retardent la marche; peu à peu, il devient meilleur; le village de Crang-Komrêng apparaît à droite au milieu d'une nouvelle plaine cultivée, Pnom-Srouch se montre du même côté; par intervalles, la forêt revient, plus vigoureuse, cache aux regards monts et rizières.

Kna est à 20 kilomètres de Kompong-Toul et appartient à la province de Bati. Les cases sont dispersées dans la forêt, aux environs de la route sur le bord de laquelle paissent une cinquantaine de bœufs. Deux petits étangs, en face de la maison des voyageurs, fournissent l'eau potable au village.

Après un quart d'heure de marche, on cesse de longer Pnom-Srouch. Cette chaîne, qui avait d'abord paru éloignée de 8 à 10 kilomètres, s'est rapprochée de moitié. Elle semble très-boisée. On dirait qu'elle se prolonge vers l'ouest.

A en juger par les rizières que la forêt laisse voir, par les petits troupeaux qui passent à chaque instant, le pays doit être assez peuplé entre Kna et Sla-Kou ; mais pas un hameau n'est proche. Deux ruisseaux coulent vers l'est, ils peuvent avoir 1 ou 2 mètres de profondeur aux hautes eaux; ils viennent de Pnom-Srouch, et, après un court trajet, se réunissent pour former le prec Tauch qui se jette dans le fleuve Postérieur. Les mares sont fréquentes à droite et à gauche, quelquefois même au milieu du chemin; souvent assez profondes pour conserver l'eau pendant une partie de la sécheresse, elles deviennent alors une précieuse ressource pour le voyageur.

Le stung Sla-Kou, sur le bord duquel se trouve la troisième station et le village du même nom, a deux sources: l'un vient de Pnom-Melou, province de Crang-Samrê; l'autre de d'An-Kieye, province de Kong-Pisé. Il a sur ses rives, avant d'arriver à Sla-Kou, les villages de Kebie, An-Kieye, Klûc (courge), Pou et au-delà ceux de Kompong-Youl, Treang, Kompong-Ampil (rive des tamariniers). Il sert de limite aux provinces de Treang et de Bati, et va se joindre à l'arroyo de Chaudoc, au nord et à peu de distance de cette ville, au-dessous de l'important marché de Ta-Kéo.

Les débris d'un pont se voient encore à l'endroit où il traverse la route. Sa largeur est de 7 à 8 mètres, sa profondeur de 3 à 4 mètres. Gonflé par les pluies, il couvre les rives d'un ou deux pieds d'eau bourbeuse, sur une largeur de 100 à 200 mètres.

Le pays qui se déroule ensuite jusqu'à Kou, ou plus communément Tram-Kou, est triste et monotone; de vastes clairières, des bambous en quantité, des arbres de qualité inférieure, les mêmes que l'on rencontre à chaque pas depuis Pnom-Penh et parmi lesquels se remarquent de nombreux thbeng *(Dipterocarpus magnifolia (?)*, une foule de khlong *(Dipterocarpus crispalatus (?)*, sorte d'arbres à huile ne donnant pas un rapport suffisant pour être exploités; quelques somrong *(Sterculia)*, dont les graines servent à faire une l'huile qui, mélangée à la cire d'abeilles, donne la pommade que les Cambodgiens emploient pour la moustache, pour frotter leur lèvres et empêcher qu'elles ne se salissent au contact du bétel; des slêng *(Strychnos nux vomica)* qui, par endroits, couvrent le sol de leurs noix que les indigènes négligent de ramasser.

Quelques rizières bordent le chemin aux approches du quatrième tram qui n'est qu'à 18 kilomètres de Sla-Kou; deux ou trois petits hameaux se voient à droite et à gauche dans le lointain ; le sol se dénude complétement et on se trouve dans une immense plaine bien cultivée, au milieu de laquelle une pagode, des cases éparses et, près d'une grande mare, la maison des voyageurs.

Au sud, à 8 ou 10 kilomètres, s'élèvent les sommets d'Angkor-Tieye et de Moroung ; à l'ouest, c'est la chaîne de Bac-Nimm, dans laquelle on distingue surtout Pnom-Noreye et Domrey-Romiel (Dégringolade, Éléphant), hautes de 250 à 300 mètres. Toutes ces montagnes paraissent très-boisées.

On sort alors du bassin du fleuve Postérieur ; les cours d'eau qui se rencontreront désormais descendent vers le golfe de Siam.

Les mollusques vivant dans la région qui vient d'être décrite sont nombreux, mais peu variés. Parmi les bivalves, plusieurs espèces du genre *Cyrena*, que M. le docteur Corre a signalé comme entrant pour une grande part dans les gisements de Somrong-Sên, pullulent dans toutes les eaux courantes ou stagnantes ; deux variétés d'*Anodonta* y sont aussi assez répandues ; le genre *Unio*, sous différentes formes, est représenté un peu partout ; trois sortes du genre *Hyria* et deux de celui *Iridina*, communes dans les étangs et les grandes mares de Pnom-Penh à Kompong-toul, ne se retrouvent plus au-delà du prec Thnott.

Les univalves palustres ou fluviales qu'on y remarque font partie des genres : *Ampullaria, Paludina, Melania, Limnea, Hemisinus, Bythinia* et *Planorbis ;* les deux premiers sont très-abondants, ils sont répandus dans toute la région chacun sous quatre variétés, dont la moins commune est la *Paludina cambodgensis* (Mabille et Lemesle) ; les mélanies, limnées, hémésines, bithinies sont plus rares ; il n'y a qu'une seule espèce de planorbes, elle habite les mares des environs de Pnom-Penh, c'est la *Planorbis circumspissus* (Morelet) que MM. Mabille et Lemesle ont signalée comme vivant en Cochinchine dans les marécages du Culao-Tay.

Quant aux coquilles terrestres, on en rencontre dans les plantations, les forêts, et sur les montagnes quinze variétés appartenant aux genres *Helix*, *Bulimus, Cyclostoma*, *Streptaxis*, *Strophostoma, Pupa ;* les *Helix distincta* et *crossei* (Pfeiffer), ainsi que le *Bulimus annamiticus* (Crosse et Fischer), se trouvent fréquemment ; les autres, sans être rares, ne sont pas très-répandues.

La route se dirige sur le milieu des Pnom-Bac-Nimm, va passer à leurs pieds, qui sont d'une fertilité sans pareille. Dans les clairières, de hautes herbes cachent quelques bûcherons annamites dont on entrevoit la case au milieu d'un petit défrichement. Les bois des essences les plus variées peuplent les montagnes : le téal *(Dipterocarpus lœvis)*, le kremuon-chambak *(Hibiscus)*, le sok-kram *(Xilia dolabriformis (?)*, le phdiec *(Anisoptera)* et un grand nombre d'autres ; les gens du pays en retirent un peu d'huile, de cire végétale et de résine ; ils recueillent à peine la liane vahrr-ang-kot *(Siphonia (?)* qui donne du caoutchouc, et semblent ignorer que quelques-unes des nombreuses variétés de cherei *(Ficus)*, arbre commun, pourraient abondamment fournir de la gutta-percha.

Après avoir dépassé la chaîne, on retrouve, jusqu'aux approches du stung Antong-Mac-Prang, le terrain sablonneux, la végétation grêle d'auparavant. Ce cours d'eau, sur la rive gauche duquel se trouve le cinquième relais éloigné de 27 kilomètres du précédent, mérite d'attirer l'attention. Large en cet endroit de 8 à 10 mètres, profond de 4 à 5, il sort de la montagne de Cherro-Dombang (torrent, bâton), province de Bunteay-Méas (citadelle dorée), coule du nord-ouest au sud-est et sépare cette province de celles de Kampot et de Péam (embouchure) qui sont sur sa rive droite. Il traverse le territoire des villages de Sré-Kenong (rizières de l'intérieur), Bung (lac), Craop (parfum), Trepang-Kiey, Mac-Prang, pour aller à Pnom-Canlang (scarabée), où il arrive après avoir passé à Ang-Kley, Crang, Sebau (herbe dont on couvre les cases). Watt-ang, Teey et Tuc-Méas (bateau d'or). La marée se fait sentir jusqu'à ce dernier endroit. De Pnom-Canlang, où se trouve une chaufourneric française, il descend mêler ses eaux à celles de l'arroyo de Gieng-thanh et se jette dans la mer à Hatien.

Assez profond de Sré-Kenong à Ang-Kley, l'Anlong-Mac-Prang est fréquemment guéable entre ce point et Tuc-Méas, d'où il est navigable jusqu'à la fin de son parcours. A la suite de grosses pluies, le courant devient rapide, il déborde, et sur une largeur de 3 à 400 mètres, couvre pendant plusieurs jours ses rives de deux à trois pieds d'eau. Bien cultivées, celles-ci sont particulièrement très-fertiles de Sré-Kenong à Mac-Prang. Par contre, les produits des riches forêts voisines sont presque complétement négligés, et pour ce qui touche à l'exploitation des bois, les difficultés que rencontre dans le Stung la conduite des radeaux, si petits qu'ils soient, la rendent à peu près nulle. Tantôt c'est un arbre mort tombé dans le lit de la rivière qu'il obstrue entièrement de ses branches; le plus souvent, les rameaux des deux rives s'avancent les uns vers les autres, se réunissent, s'entrecroisent au niveau de l'eau et forment des obstacles sans nombre difficiles à franchir. Pourtant, le Stung est assez profond et il n'y aurait peut-être que peu de chose à faire pour l'utiliser une partie de l'année. On le passe sur un pont tout chancelant qui débouche dans un petit pays admirablement bien cultivé, véritable jardin que la forêt limite à droite et à gauche, et au milieu duquel les cases du hameau de Chouc se trouvent disséminées. Des champs de tabac, de mûriers, de cannes à sucre, au bord desquels des enfants gardent le troupeau du village, sont suivis par des rizières qui, pendant 4 à 5 kilomètres, se succèdent, quelquefois interrompues par des plantations de mûriers. Peu à peu, la forêt se reforme, clair-semée d'arbres parmi lesquels bon nombre de kreul non exploités qui, cependant, donnent la belle laque noire appelée en cambodgien méréac, et une grande quantité de smach, *Melaleuca* (tram des Annamites), à moitié dépouillés de leur écorce, dont on fait des torches et qui sert aussi à couvrir le faîte des cases.

Ces arbres semblent alignés le long de la route qui, large et droite, se prolonge à défier l'œil ; le ruisseau de Chnoul-Cheroul, venu des environs du village de ce nom, la coupe, courant vers Tuc-Méas jeter son eau bleue dans le stung Anlong-Mac-Prang; il a 4 à 5 mètres de large sur 2 de profondeur ; ses rives sont inhabitées.

Des deux côtés, des montagnes se montrent en avant; ce sont, à droite, celles de Thvéa-Domrey (porte des éléphants), et, à gauche, Pnom-Roang (monts crevassés). Ces dernières sont remplies de grottes ; leurs flancs escarpés, les rochers nus, profondément déchirés, que laisse voir par endroits l'exubérante végétation qui, de la base, envahit les sommets, leur donne un aspect particulier, absolument différent de celui des hauteurs de droite qui, sous d'incomparables forêts, s'élèvent et s'abaissent en ondulations presque régulières.

Domnac-Touc, à 20 kilomètres de Mac-Prang, est la sixième station. Pas de village, mais une simple maison de repos. Les hommes qui y font le service et les voitures de rechange viennent de Chouc, le dernier hameau dont il vient d'être parlé.

Pnom-Roang, à gauche, est à une petite distance; la plaine qui en sépare est basse d'abord et à moitié noyée une partie de l'année; quelques arbres y croissent péniblement; mais, dès que le terrain commence à s'élever, la végétation prend un développement subit, les branches se serrent, s'entremêlent à une grande hauteur, ombrageant le sentier qui conduit à la grotte principale. Celle-ci apparaît brusquement, à 8 ou 10 mètres du sol, entre deux gigantesques arbres à huile, dont les rameaux forment à l'entrée comme un portique auquel on accède en se hissant de rocs en rocs. De là, l'œil découvre une vaste salle éclairée d'un jour étrange. Venue du sommet par une large ouverture, la lumière est tamisée par le feuillage d'arbustes et de plantes grimpantes qui, agités par la brise, envoient leurs ombres jouer sur la paroi du fond taillée à pic et fortement verdie par le suintement de l'eau; elle donne à cette paroi des tons clairs et foncés, l'apparence d'un rideau de théâtre qui semble remuer, trembloter avec les ombres qu'il reflète.

Des échelles de lianes et de bambous grimpent le long des rochers, toutes tordues, vers les voûtes auxquelles elles sont accrochées. Les indigènes s'en servent pour atteindre de profondes cavités, d'autres grottes, étagées à droite et à gauche, comme les loges d'une salle de spectacle, et qu'une torche à la main, ils explorent en tous sens pour y recueillir la fiente des innombrables chauves-souris qui, le jour, enveloppées de leurs ailes comme d'un manteau, pendent par grappes, suspendues par les pieds de derrière aux aspérités de ces couloirs obscurs.

Au commencement de chaque année, par une sorte de lessivage assez compliqué, on extrait de cette fiente environ trois à quatre piculs de salpêtre pour le gouvernement cambodgien; chaque homme qui en fournit cinq kilogrammes, au mandarin préposé à ce service, est exempté de l'impôt du rachat des corvées (20 ligatures). Mais l'escalade des rochers est difficile, elle est rendue dangereuse par la chute fréquente de blocs et par la rupture d'échelles qu'on néglige de réparer ; comme la superstition vient ajouter au danger, il en résulte que l'on emploie presque uniquement des néac ngéa (esclaves héréditaires) à ce travail que redoutent les gens du pays. M. Lefaucheur, qui l'avait observé dans des cavernes près de Pnom-Canlang, le signala au Comité agricole de Saigon en 1868, faisant remarquer que le guano de chauve-souris pourrait être utilisé comme engrais.

Des coquilles d'une douzaine de sortes, roulées par l'eau des pluies, sont accumulées dans les creux et les fissures du roc; elles appartiennent aux espèces citées précédemment, sauf une variété du genre *Rhiostoma*, le *Rhiostoma Bernardii* (Pfeiffer), et une du genre *Pupa*, qui est très-probablement nouvelle.

Un certain nombre d'autres grottes, répandues dans les montagnes, entre Kampot et la frontière, sont exploitées de la même façon; les principales sont celles de Pnom-Couhéa (caverne), près de Pnom-Canlang.

On a à peine quitté Domnac-Touc que les hauteurs de Roang sont dépassées et qu'on se trouve vis-à-vis des petites collines de gauche qui les suivent de très-près et se continuent parallèlement à la route en s'en maintenant à une distance d'environ 300 mètres, jusques et un peu au-delà du commencement du défilé que les montagnes de droite, d'abord assez éloignées, forment en s'approchant rapidement. La largeur du passage, au début d'à peu près 300 mètres, reste la même pendant un demi-kilomètre ; il s'agrandit alors très-vite, et, formant à son centre une sorte de cirque d'un mille de diamètre, laisse, en se refermant, une ouverture de cinq cents pas, longue de six à sept cents, au milieu de laquelle passe la route, et qui, à son extrémité extérieure, s'évase tout d'un coup, les montagnes allant presque à angle droit se perdre des deux côtés dans le lointain. La longueur de ce défilé n'est pas moindre de 3 kilomètres; son sol sablonneux est clair-semé d'arbres peu vigoureux, mais les montagnes sont peuplées des plus riches essences, qui y ont un grand développement. Lianes, bambous, arbustes croissent, se lient autour des grands troncs, font paraître la forêt impénétrable; cependant, les éléphants la ravagent fréquemment; leurs traces sont là, à chaque pas; leurs incursions ont fait réputer le passage dangereux la nuit. Les éléphants domestiques, lorsqu'ils le traversent après le coucher du soleil, donnent des marques d'inquiétude, et d'eux-mêmes accélèrent l'allure. Le plus haut sommet des Pnom-Tvéa n'a certainement pas plus de 200 mètres; il y a loin de là aux cinq ou six mille pieds que le voyageur anglais Thomson, qui y a passé en 1866, donne aux montagnes du défilé dans son livre *Dix ans de voyages dans la Chine et l'Indo-Chine.*

A travers une forêt où dominent des essences considérées comme sans valeur, telles que le klong, le thebêng, etc., la route se déroule large et belle jusqu'à hauteur du hameau d'Arenhiem. Elle a laissé, en quittant la Tvéa, la petite colline de Pnom-Khpop à 1,500 mètres sur sa gauche.

Le *au* Ompil-Caudol, ruisseau de 2 mètres de profondeur, se dirige à l'est vers le prec Tanih, cours d'eau important dont il sera parlé plus tard.

Arenhiem, entouré de rizières, est situé à 1 kilomètre à gauche, à mi-chemin de Domnac-Touc à Kompong-Bay, sur un terrain bas, marécageux. C'était, autrefois, le premier poste de relais de Kampot à Oudon; on ne s'y arrête aujourd'hui qu'accidentellement.

Le *au* Spéan (pont), autre ruisseau qu'on passait dans le temps sur un pont dont il ne reste que des débris, vient comme le précédent de l'ouest des montagnes de Thvéa; il va avec lui former le prec Tanih. Les deux petits mamelons de Praye-Col apparaissent à 300 mètres à droite, les cases du village de ce nom et celles de stung Cay sont dispersées à leurs pieds; puis vient Pnom-Kiechas et ensuite, toujours à droite, Pnom-Sâ *(montagne blanche)* que les cartes marines désignent sous le nom de *cône Bunbi,* se détache assez loin toute pointue; elle est couverte de bambous et contient des grottes qui donnent un peu de salpêtre par le procédé indiqué plus haut. Le sol est devenu argileux, la route n'est plus qu'une profonde ornière; la végétation se modifie, le smach (tram) domine, il va bientôt céder la place aux champs cultivés avec lesquels il alterne déjà.

Une ceinture de montagnes forme l'horizon; à l'est, ce sont celles de Poun et de Réap (régulière); au sud, la pointe de Kep (selle du cheval), puis les collines de Pnom-Dôm que dépassent les sommets de l'île de Phuquoc enveloppés de brumes, et à l'ouest, la chaîne dite *de l'Éléphant*, que les monts de Kamchay terminent. Le feuillage des grands arbres surmonté par les panaches des aréquiers, dessine les sinuosités du prec Kampott qui serpente à droite. Un bras fangeux de ce cours d'eau, large de 7 à 8 mètres, bordé de marécages, limite la plaine de rizières qui a commencé à hauteur de Pnom-Sa. Kompong-Bay est un peu au-delà; le pavillon français qu'on aperçoit de loin flotte sur la station télégraphique.

II.

Vue de Kompong-Bay, la chaîne de l'Éléphant semble, en se terminant, former au nord-ouest comme un immense éventail ayant pour noyau Pnom-Balan (Mont de l'Autel), petit sommet dont le nom vient d'un colossal bloc de pierre qui y gît tout en haut, sur lequel on invoque les Neactha prey (génies des bois), et on leur demande de protéger ceux qui vont parcourir les forêts.

Si, du pied de cette montagne, on s'enfonce à l'ouest dans les ravins du massif de Kamchay, on arrive, disent les indigènes, après plus d'une journée de marche, à un plateau très-élevé, dominé par plusieurs pics, dépourvu d'arbres, couvert de toutes petites plantes, au milieu duquel un vaste étang, regorgeant de poisson, cache ses eaux claires sous des feuilles de nénuphars aussi larges, ajoutent-ils, que les roues des chariots. C'est à sa surface que naissent les nuages qu'on voit errer autour de Pnom-Popok-Vil (montagne, nuages tourner), la plus grande hauteur de la chaîne (1,000 à 1,200 mètres environ).

Lorsque, fuyant devant l'invasion siamoise, les populations affolées abandonnaient les villages, beaucoup de gens, se frayant à coups de hache un chemin à travers la forêt, coururent vers cette solitude chercher un asile et attendre que le calme fût rendu au pays. On lui avait donné le nom de Véal-Sré-Moroi (plaine des cent rizières). Plus d'une fois déjà elle avait été troublée dans des circonstances analogues. Retraite sûre à l'heure du danger, elle a peu à peu pris aux yeux des Cambodgiens un caractère mystérieux, surnaturel qui fait, qu'en temps ordinaire ils redoutent de s'y aventurer.

Là est la source de la rivière de Kampot; du petit lac sort un torrent que cent autres grossissent plus loin; si avancée que soit la sécheresse, il coule abondant sur les roches et, tombant de ravins en ravins, vient à Kamchay, au bas des montagnes, s'étendre en une longue nappe, transparente et profonde, que les derniers rapides rompent bruyamment. Ceux-ci obliquent fortement de droite à gauche et se développent sur une étendue de 200 mètres, divisés par trois petits îlots en quatre branches dont la plus large a 35 pas. La marée, pendant les six premiers mois de l'année, se fait sentir jusqu'à leurs pieds; l'eau y devient saumâtre. La différence de niveau est de plus d'un mètre. A partir de cet endroit, le cours d'eau prend le nom de prec Kampot.

Pendant la mousson de sud-ouest, le torrent, dans les montagnes, a des proportions considérables; à la suite de pluies diluviennes, l'eau, en masses énormes, descend avec une violence inouïe, arrache les arbres, accumule, entasse les quartiers de roc au fond de son étroit lit, et si sa crue coïncide avec celle du prec Tnoh, le plus sérieux affluent de la rivière de Kampot, monte en une nuit de 6 à 7 mètres, déborde et transforme la plaine, jusqu'à la mer, en un immense lac d'un ou deux pieds de profondeur. Ces inondations, qui ne durent guère plus de trois jours, se renouvellent quelquefois dans la même année; subites, irrégulières, elles causent presque toujours de graves dommages au pays.

Le prec Kampot a pour tributaires de droite les ruisseaux sans importance qui naissent dans le versant est de la chaîne de l'Éléphant (partie comprise entre Kamchay et la mer) et dont le principal est le prec Snam-Ompil.

Il reçoit sur sa rive gauche, à 1 kilomètre des rapides, le courant boueux du prec Tnoh (barrage), appelé aussi prec Bung-Tra, du nom du premier village qu'on trouve en le suivant. Cette rivière aurait sa source fort en arrière et à l'ouest des Pnom-Thvéa-Domrey, dans une montagne nommée Pong-Roc, province de Crang-Samré. M. de Coulgeans, télégraphiste à Kampot, l'a explorée en partie; elle se déroule sinueuse à travers une magnifique forêt; par intervalles, les berges se couvrent de défrichements, de rizières au milieu desquelles on aperçoit quelques cases de Chinois et de Cambodgiens. Les barques la remontent jusqu'à Sroc-Sla, à près d'une journée du confluent, pour y échanger diverses provisions contre les produits des campagnes. Au-delà, son lit, encombré d'arbres morts, n'est plus navigable. Les inondations du prec Tnoh noient annuellement la forêt; il passe pour très-insalubre à cause des fièvres que le retrait des eaux engendre sur ses rives, dans les défrichements.

Après avoir dépassé les îles de Mac-Prang et de Kompong-Krom (rive basse), que des petits bras forment sur la gauche, le prec Kampott qui, au début, n'a que 70 à 80 mètres, s'élargit sensiblement et arrive à en avoir 300 avant d'être devant Kompong-Bay. Au-dessous de ce village, il se partage en deux branches que sépare l'île de Trey-Cah; le bras oriental va directement à la mer, en prenant le nom du village malais de Kom pong-Kandal (rivage du milieu), en face duquel une ligne de roches barre son lit; le second passe devant Kampott et, un peu plus loin, se divise de nouveau pour aller au golfe par deux embouchures; une à gauche, au pied des collines de Pnom-Dom, est complétement ensablée. C'est par la dernière, dont la largeur moyenne est de 150 mètres, qu'a lieu le mouvement des bateaux. A son entrée, sous un énorme banian qui sert de point de repère aux pêcheurs, le gouvernement cambodgien a établi un poste de douane et de surveillance près d'un tout petit fort abandonné dont les palissades vermoulues sont encore debout.

Les jonques d'un gros tonnage mouillent à 2 ou 3 milles au large, la barre rendant l'accès du port impossible aux bâtiments d'un tirant d'eau supérieur à 2 mètres, et même ceux-ci doivent-ils, pour la franchir, profiter du moment d'une haute mer ou de l'époque de l'inondation.

La côte est bordée de marais, couverte de forêts de palétuviers qui avancent, empiétént sur la plage et constituent pendant une demi-lieue les rives du petit fleuve, qui a à peine 15 à 16 kilomètres de cours. Viennent ensuite des rizières avec leurs ceintures de palmiers à sucre; des cases malaises éparses dans les champs, les terrains abandonnés d'une mission catholique;

puis Kampott à environ 2 milles de la mer, est là sur la rive droite, ayant en face de lui le village annamite de Trei-Cach et à 1,800 mètres plus loin celui de Kompong-Bay, qui en font pour ainsi dire partie.

Ce petit port, auquel les Annamites donnent le nom Cân-vọt, presque exclusivement peuplé de Chinois mariés à des cambodgiennes, de métis issus de ces mariages et d'Annamites, ressemble à s'y méprendre, par la construction de ses cases, aux villages de Cochinchine. Il a eu jadis, il avait encore il n'y a pas quinze ans, une réelle importance. Malgré les difficultés du chargement et quoique la rade n'offrît aucun abri, chaque année y amenait plusieurs navires européens et nombre de gros sampans chinois ; pendant la mousson de N.-E., il n'y avait en moyenne pas moins de dix ou douze de ces derniers à l'ancre dans la baie, très-calme dans cette saison. En outre, en dépit de la piraterie si commune et si facile alors, une quantité de bateaux entretenaient des relations constantes avec les ports voisins : Rachgia, Hatien, Sré-Umbell (salines), Chantabunn et Bangkok.

En échange de ses marchandises et de celles du Cambodge, il recevait de Chine des étoffes de soie, de la vaisselle, des meubles, de l'huile, etc., de Singapore des cotonnades, des indiennes, de l'arec, du gambier ; Siam lui expédiait les vêtements précieux tissés de soie et d'or, les vases de métal, la chaux à bétel, etc. Des caravanes d'éléphants et de charrettes à bœufs emportaient vers Oudon et Pnom-Penh la majeure partie de ces cargaisons. Les équipages des jonques, les gens des convois journaliers qui arrivaient de l'intérieur, emplissaient le marché d'une foule bruyante qui ne laissait pas chômer les maisons de jeu, le théâtre et les restaurants ambulants. Le précédent roi y faisait amener et vendre les impôts en nature d'un transport facile ; sa présence fréquente ne contribuait pas peu à l'animation du pays, à l'entraînement des affaires.

Saigon et Cholon alimentent aujourd'hui complétement les centres du Cambodge, et tous les produits du royaume sont de Pnom-Penh dirigés sur ces deux villes. Kampott ne vit plus que de ses propres ressources.

Quoique la transition n'ait pas été brusque, il y a néanmoins eu une réaction assez sensible : une partie de la population est peu à peu allée s'établir ailleurs ; à l'agitation a succédé le calme : c'est à peine si, dans la principale rue, une vingtaine de commerçants étalent les articles de vente courante. Sous l'auvent de quelques cases, des femmes tissent de la soie ou du coton, çà et là des maisons inoccupées tombent en ruines, les rues semblent presque désertes, seule la rive garnie de barques a conservé un peu de mouvement.

Tout fait espérer que ce changement de fortune est seulement un temps d'arrêt ; la fertilité du sol de la province, dont les cultures spéciales (poivre, tabac) sont susceptibles d'un grand développement, la richesse de ses forêts presque inexploitées, celle probable de ses montagnes qui, outre du grès et du calcaire, recéleraient, assure-t-on, des métaux précieux, la sécurité qui commence à régner dans le golfe lui promettent une vie nouvelle dans un avenir peu éloigné. Du reste, la rade n'est pas totalement abandonnée ; il est bien rare que, pendant la saison sèche, il n'y ait au large plusieurs bâtiments chinois échangeant jour par jour leur fret contre les productions de la côte. En 1878, un navire européen est venu y charger du riz, du sel, des bois de prix, etc. ; en 1880, un autre y a également pris cargaison.

Kampott livre chaque année au commerce extérieur, en plus d'une quantité de riz difficilement appréciable, mais qui, en 1878, n'a pas été inférieure à 15,000 piculs environ :

	Piculs.
Poivre	3,000
Tabac	150
Gomme-gutte	80
Sucre de palme	1,000
Peaux	100
Huile de bois	100
Résines	50
Torches	6,000 paquets de 10

et, en quantités restreintes et très-variables, des cornes, de la laque (méréac), de la gomme-laque, des noix vomiques, de l'écorce de vahrr-ang-kott (caoutchouc), des bois de teinture et autres, de la cardamome, des holothuries, de l'écaille, de la cire, du bois d'aigle, etc. Les prix de Cholon servent de base aux transactions.

L'élevage des porcs s'y fait sur une assez grande échelle : on en a exporté 2,600 en 1880. Les caboteurs chinois les achètent ordinairement, à raison de 35 ligatures le picul, pour les transporter à Singapore. Les buffles sont assez nombreux dans les campagnes, on va presque tous les ans en vendre un certain nombre en Cochinchine (Hatien et Rachgia). Quant aux bœufs, ils sont surtout destinés aux attelages ; leur prix varie de 5 à 15 piastres ; les vaches se paient rarement plus de 3 dollars. Il y a aussi quelques chevaux de peu de valeur.

Le village annamite qui s'étend sur la rive opposée est composé de quarante à cinquante familles dont la principale industrie est la pêche d'une variété d'holothurie que les Cambodgiens nomment sangsue de mer (chloeung sremot) abondante dans les parages de Chantabunn. Les Chinois l'appelle hai som ; c'est pour eux un mets recherché ; on en trouve plusieurs espèces sur le marché de Pnom-Penh, l'une apportée de Chine, vaut souvent plus de 50 piastres le picul ; d'autres viennent de Hué, etc. ; celle de Kampott s'y vend de 15 à 20 piastres.

Vers le milieu de la saison des pluies, on commence à préparer des filets appelés *mong* qui ont six à huit brasses de longueur sur une et demie de profondeur, et dont les mailles égales ont trois à quatre centimètres de côté.

Le départ a lieu lorsque la mousson de N.-E. est près d'être établie. Les barques, montées chacune par cinq ou six hommes, reviennent pour les fêtes du Têt, après lesquelles elles vont reprendre la campagne jusqu'au mois de juin. Les pêcheurs procèdent de la façon suivante : lorsqu'une cinquantaine d'holothuries est prise, on les nettoie et, à bord même, elles sont cuites dans l'eau de mer. La cuisson dure une heure et demie ; elle s'achève quand l'échinoderme qui, vivant, est gros comme l'avant-bras, se trouve réduit à la taille qu'il a dans le commerce (environ 2 centimètres de diamètre sur 10 à 12 de longueur) et que sa peau coriace est devenue suffisamment molle. Étendues sur un clayonnage, elles sèchent ensuite pendant vingt-quatre heures au-dessus d'un feu modéré.

Au retour, la cargaison, généralement très-modeste, est achetée par des Chinois 8 à 12 piastres le picul et expédiée à Cholon. Les pêcheurs rapportent en outre les écailles des tortues qu'ils prennent sur le sable du rivage au moment où elles vont y déposer leurs œufs. Ils les vendent, suivant la qualité, de 10 à 25 ligatures le catty.

Ils sont presque toujours ainsi associés : le propriétaire du bateau et des filets a trois parts de la pêche s'il fait partie de l'équipage, deux s'il n'a pas pris part à l'expédition. Chacun des matelots a une part.

Depuis une douzaine d'années, une moitié des habitants a quitté le village pour aller s'installer à Phuquoc, à Hatien et au Rachgia. Ils n'armaient, avant cette époque, pas moins de 10 ou 12 grandes barques quand arrivait la saison favorable; il en part aujourd'hui tout au plus 4 ou 5. La raison du quasi-abandon de cette ressource serait la diminution du produit ; il faudrait beaucoup plus de temps qu'autrefois pour obtenir un résultat rémunérateur. L'usure aussi n'y est pas étrangère; pour faire les fêtes du Têt, pour mettre leurs embarcations en état de prendre la mer, les Annamites se font escompter leur pêche par des Chinois qui les jettent dans la misère.

Ainsi que Kampott et, pour les mêmes motifs, Kompong-Bay, que les Chinois et les Annamites appellent Bombay (corruption de Pum-Bay (village riz), dont les Anglais ont fait Bumbi, nom donné également par les cartes marines à la petite montagne de Pnom-Sa), est bien amoindri. Placé dans une jolie situation, à la bifurcation des deux bras par lesquels la rivière s'écoule vers la mer, c'est à ce village, résidence du gouverneur de la province, qu'aboutissent les routes de Pnom-Penh et d'Hatien ; la station télégraphique qui y est établie est en communication directe avec ces deux dernières villes.

Pendant l'époque troublée qui précéda la déposition de la reine Ang-Mey et l'avènement du roi Ang-Duong, les Annamites qui occupaient les provinces maritimes du Cambodge élevèrent à Kompong-Bay, pour résister aux Siamois, une petite fortification en terre fortement palissadée, entourée d'un fossé et ayant environ 150 mètres de côté, dans laquelle s'installèrent les 3 à 400 hommes qui tenaient garnison dans le pays et dont les familles continuèrent à habiter le village. Mais lorsque la flotte siamoise fut signalée, les Annamites se retirèrent par la voie de terre sur Kompong-Som, et de là sur Chantabunn, d'où ils gagnèrent une île où s'était déjà réfugiée la petite garnison de Kompong-Srela (province de Kompong-Som). Quand le danger eut disparu, ils partirent en barques pour Hatien. Les Cambodgiens, sur l'emplacement des cases détruites du fort, construisirent une pagode qui, peu après, devint la proie des flammes et ne fut pas refaite; plus tard, le terrain fut creusé et aujourd'hui ont reconnaît à peine la citadelle transformée en réservoir d'eau.

Vers la fin de l'année 1858, le roi Ang-Duong donna l'ordre d'élever à la tête du village et au bord du prec une enceinte du même genre dont les talus et les fossés sont encore intacts, et qui était destinée à contenir les logements de son fils aîné, le roi actuel, qui revenait de Siam et qui, du reste, n'y séjourna que peu de temps.

De même que Kompong-Bay est une sorte de faubourg de Kampott, les rives du fleuve, jusqu'aux rapides de Kamchay, en sont la banlieue. Le tableau qu'elles offrent avec les hautes montagnes de la chaîne de l'Éléphant pour fond, est, surtout après qu'on a dépassé Kompong-Krom, véritablement séduisant. Un rideau de hauts bambous et de grands arbres, dont les basses branches s'inclinent et trempent par endroits dans l'eau limpide, dissimule en partie les plantations de poivre, de tabac, d'aréquiers, etc., qui se succèdent sans interruption, entretenues par des Chinois ou des métis.

Malgré sa belle apparence, la culture du poivre est en décroissance; d'après les planteurs, la récolte qui, actuellement, ne dépasse guère 3,000 piculs, atteignait il y a une vingtaine d'années 6 à 8,000 piculs. Cette différence dans la production aurait pour cause l'état de gêne dans lequel serait une partie des cultivateurs et auquel auraient contribué les fluctuations du prix (en 1873, le poivre se vendait 12 piastres; en 1877, 6 piastres; il vaut maintenant 9 piastres le picul); manquant de l'argent nécessaire pour entretenir convenablement leurs plantations, ceux-ci les ont laissé dépérir faute d'engrais et de soins. Quelques poivrières dans ces conditions se sont vues abandonnées, dans nombre d'autres les pieds morts sont remplacés par du tabac, etc., mais l'eau des mares qui fournissent l'arrosage n'est pas devenue saumâtre comme il est dit dans *la Cochin-*

chine en 1878, et la raison ci-dessus est la seule donnée par les planteurs. Ils empruntent à 30 p. 100 sur la récolte qui se fait en février, mars et avril, à mesure que le poivre mûrit. Leurs coolis sont logés, vêtus, nourris et payés 4 piastres par mois. L'impôt sur cette denrée est de 4 taëls pour un beau pied et de 10 p. 100 à la sortie du port. Il y a des pieds de poivre qui donnent jusqu'à 4 catty par an; la majorité donne beaucoup moins; l'impôt est alors proportionné au rendement.

(On récolte aussi un peu de poivre, environ 300 piculs par an, dans la province de Treang, hameaux de : Prey-Andeng, Bu, Srack, Skom, Bapol et Tavounh, situés à une demi-journée du canal de Vinh-Té, et 200 piculs au moins dans la province de Banteay-Méas, soit sur les rives du prec Prey-Angkonh que les Annamites appellent Linhquinh, et qui s'écoulent vers la mer par Gien-thanh et Hatien, soit dans les environs du marais de Tanny, aux hautes eaux en communication avec l'arroyo de Chaudoc.)

Le tabac de Kamchay est réputé le meilleur du Cambodge; on ne le vend guère au-dessous de 15 à 20 piastres le picul; dans les années de mauvaise récolte, il atteint 30 piastres et il n'est pas rare de le voir vendre au détail 4 et 5 ligatures le catty. Les Chinois l'expédient à Pnom-Penh, à Cholon et au Rachgia.

L'aréquier, qui croît si difficilement au Cambodge, est abondant à Kamchay. Les autres cultures : indigo, canne à sucre, mûrier, sont assez restreintes. On tisse beaucoup de soie dans le pays; les vers qu'on y élève ne produisent pas suffisamment pour l'approvisionnement, le surplus vient de Pnom-Penh, du Rachgia et de Camau.

Des arbres fruitiers de toute sorte bordent les plantations, garnissent le devant des cases; parmi eux il ne faut pas oublier le thu-reen *(Durio)*, dont le fruit délicat et exquis est souvent dédaigné à cause de son odeur. Cet arbre est assez commun à Singapore, à Siam et à Chantabunn; mais Kampott est le seul point du Cambodge où il puisse vivre, encore n'est-ce qu'à force de soins. Il y atteint une dizaine de mètres de hauteur, les feuilles sont clairsemées sur les branches, le fruit arrive à 40 centimètres de longueur sur 20 de diamètre; il ressemble beaucoup, comme forme extérieure, à celui de l'arbre à pain, knor-sòmla *(Artocarpus incisa)*. Les quelques centaines qu'on recueille chaque année sont presque totalement achetées pour la cour ou les mandarins et expédiées à Pnom-Penh; suivant leur taille, ils se vendent de 1 à 5 francs pièce. Sur la rive gauche, dans une plantation qui, autrefois, aurait mérité le nom de jardin du roi, qu'elle porte encore quoique presque délaissée, on entretenait un certain nombre de thu-reen avec beaucoup d'autres arbres à fruits.

Le terrain qui s'étend entre les plantations qui couvrent la rive droite et la chaîne de l'Éléphant est en grande partie cultivé en rizières; quelques hameaux cambodgiens y sont disséminés. Où finissent les cultures, commence la forêt qui s'étend sur les montagnes. Dans cette forêt, se trouve en abondance un arbre que les indigènes nomment mac-prang; il a un fruit jaune, sorte de petite prune qui mûrit vers la fin de la saison sèche. Lorsque l'époque de sa maturité est arrivée, les gens du pays s'en vont par troupes nombreuses en faire la cueillette; c'est aussi vers ce temps qu'ils se répandent sur les montagnes dont ils fouillent le sol pour y chercher deux sortes d'ignames qu'ils appelent tomlong-cherouc (patate cochon) et tomlong-kia; de l'arrow-root, en cambodgien tomlong-tien (patate chandelle), et du manioc qu'on nomme keduoch.

Les bois déjà cités comme peuplant le pays entre Pnom-Penh et Kampott sont également communs ici, ainsi que différentes variétés de koki (sao) *(Hopea*, sp.?) et du kra-ngum (trac) *(Dalbergia)*.

La gomme-gutte qu'on trouve dans la chaîne de l'Éléphant et dans son voisinage est la meilleure du Cambodge, et vaut par picul 25 à 30 francs de plus que celle des bords du Grand-Fleuve. Le bois d'aigle y est rare; deux ou trois familles de bûcherons annamites, établies depuis quelques années au bord du torrent, devant les rapides de Kamchay, en recueillent un peu; ces Annamites, avec quelques autres disséminés au pied des montagnes, sont pour ainsi dire les seuls exploiteurs de la forêt.

Des mollusques remarquables vivent sous les ombrages des bois, dans la mousse, le gazon et parmi les feuilles mortes. Sauf le *Bulimus annamiticus* (Crosse et Fischer), et le *Rhiostoma*

Bernadii (Pfeiffer), les espèces énumérées précédemment s'y retrouvent toutes; de plus, on y rencontre, quoique assez rarement, le splendide *Bulinus schumburgki* (Pfeiffer), ainsi qu'une variété de chacun des genres *Rhiostoma* et *Pupina,* qui n'ont très-probablement pas encore été décrites. L'*Helix Crossei* (Pfeiffer), dont M. Le Mesle n'avait trouvé que de rares exemplaires aux environs de Pnom-Penh et d'Oudon, est ici fort abondante. Les bûcherons annamites qui habitent le pied des montagnes mangent un colimacé, le *Cyclophorus volvulus* (Muller), qui y est très-commun et n'avait jusqu'à présent été signalé qu'à Poulo-Condore.

Les coquilles fluviatiles (il est entendu que par fluviatiles il ne s'agit que des mollusques vivant dans les eaux constamment douces) sont moins communes que dans le bassin du fleuve Postérieur; cette faune est limitée à quelques variétés du genre *Unio,* vivant dans les mares et ruisseaux, assez loin de la côte, à deux variétés du genre *Melania* qu'on trouve dans les torrents, et à plusieurs paludines et ampullaires. La *Paludina Cambodjensis* (Mabille et Le Mesle) et l'*Ampularia polita (varietas major)* (Deshayes) sont communes aux deux régions. La première qui, aux environs de Pnom-Penh, est généralement intacte, ne se trouve guère dans les environs de Kampott que fortement excoriée, le plus souvent les deux premiers tours de spire manquent aux individus adultes; il en est de même pour les coquilles du genre *Melania* que le courant a entraînées hors des creux ou de dessous les rochers où elles vivent habituellement.

Le prec Kampott, dont l'eau est salée une partie de l'année, nourrit un certain nombre des espèces qu'on rencontre ordinairement aux embouchures et qu'on désigne quelquefois sous le nom de mollusques d'estuaires. Une variété d'*Orbicula* non décrite est particulièrement curieuse: elle se tient sur les palmiers d'eau qui bordent les rives; plusieurs sortes du genre *Cerithium* y sont communes. Dans les terrains bas, couverts de palétuviers qui avoisinent la mer et sont souvent noyés par ses eaux ou, lors des inondations, par celle du prec Kampott, on trouve en abondance trois variétés du genre *Melampus* et une du bizarre Scarabe; la jolie *Auricula Judae* et la non moins belle mais plus rare *Auricula Midae,* qui y atteint un développement supérieur à celui qu'elle a sur le littoral du détroit de Malacca. Dans les nombreuses flaques d'eau que contiennent ces terrains, vit un bivalve d'un genre peut-être indéterminé, qui a les principaux caractères de la famille des conques fluviatiles, approchant du genre *Velorita* (Sowerby). Des Littorines de quatre ou cinq sortes pullulent sur les troncs et les feuilles des palétuviers; une d'elles, rouge, est très-rare et n'a probablement pas encore été décrite.

Aux entrées de la rivière et sur la plage qui longe la côte, les Néritacés sont surtout remarquables; leur abondance, l'originalité des dessins, la beauté des couleurs dans chacune des variétés des différents genres de cette famille, permet en cet endroit d'en faire une collection tout à fait intéressante. Les moins communes d'entre elles sont: la *Nerita albicilla* et la *Natice de Gould* (Chenu).

Une variété minuscule, qui n'est pas la moins jolie du genre *Neritina*, n'a pas encore été signalée : elle vit communément le long de la côte et doit sans hésitation être rangée parmi les espèces marines.

Au large et sur la côte cambodgienne, les mollusques marins sont excessivement nombreux; quelques-uns appartiennent à des espèces rares, tels que : l'*Aspergillium* de Java (Lamark), la *Panopea australia* (Ménard), les *Cyprea argus* et *aurora* (Linné), la *Scalaria preciosia* (Lamark). Les espèces géantes y sont représentées par des tridacnes, des casques, etc.

Les indigènes se servent de la *Cyprea pustulosa* et de l'opercule de plusieurs variétés de turbos, comme jetons au jeu. Ils recueillent un certain nombre d'espèces qui entrent dans leur alimentation pour une part importante, entre autres, une sorte de *Lingula* assez commune qu'on ramasse en fouillant le sable vaseux avec des pelles, au commencement de la saison des pluies.

Une variété du genre *Solen*, qui ne paraît pas avoir été signalée jusqu'à présent, abonde à l'entrée de la rivière de Kampott. C'est surtout elle que les gens du pays recherchent; ils en prennent des quantités considérables et l'utilisent comme amorce, la mangent fraîche ou la mettent en saumure comme aliment de réserve; elle se pêche à marée basse, au moyen d'une petite baguette aiguisée et dentelée que les indigènes introduisent brusquement dans le trou habité par le mollusque ; au contact de la baguette, l'animal ferme sa coquille et, serrant ses valves sur le bois, permet ainsi au pêcheur de l'amener à lui. Lorsque la mer est très-basse la plage se couvre de femmes et d'enfants qui emplissent leurs paniers de ces coquilles dont la chair est très-délicate.

Il y a plusieurs sortes d'*Ostrea;* les indigènes préfèrent à l'huître commune, qu'ils mangent cependant, une espèce abondante à l'embouchure des grands fleuves d'Amérique et des Indes, et qu'on désigne vulgairement sous le nom d'huître des mangliers. Lorsque la mer s'est retirée, on voit des paquets de ces mollusques agités par le vent, suspendus aux racines des arbres que l'eau baigne à marée haute. Pour les manger, ils les font cuire en mettant les coquilles sur des charbons ardents.

C'est le mot *Khchang* qui, en cambodgien, veut dire coquillage, et non le mot *Liès*, comme le dit M. Aymonier dans son dictionnaire Khmer. *Liès* est le nom de plusieurs variétés de cyrènes, qui servent à faire de la chaux. Dans cette langue, on donne aux genres suivants les noms de :

Lingula................	Khchang	Kéchhieu.
Ostrea................	—	Creng.
Arca..................	—	Ngeau.
Solen (variétés rondes)..	—	Crachac (ongle).
Solen (variétés plates)...	—	Pir (double).
Cyrena................	—	Liès.
Unio..................	—	Chompuc téa kamop.
Iridina................	—	Chompuc téa (bec de canard).
Hyria..................	—	Krom.
Paludina..............	—	Kechau.
Ampullaria............	—	Tal.
Melania...............	—	Prat.
Auricula..............	—	Trâl (navette pour tisser).
Helix..................	—	Kadac.
Bulimus........... ...	—	Taloc.
Cyprea...............	—	Bie (jeu).

Les distinctions que font les Cambodgiens ne vont guère audelà, encore ne s'agit-il que de quelques variétés pour la plupart des genres, et confondent-ils sous un même nom un bon nombre d'espèces qui n'ont aucun rapport.

Si l'on suit le pittoresque chemin d'Hatien qui fut autrefois tracé par les Annamites, on rencontre, à 7 kilomètres de Kompong-Bay, le prec Tanih qui est formé par les *au* Ompil-Canduol et *au* Spéan, ruisseaux qu'on a passés un peu après avoir quitté le défilé de la Porte des Éléphants. A l'endroit où ce cours d'eau coupe la route d'Hatien, il a sur sa rive gauche l'important village cham de Kebal-Reméas (tête de rhinocéros), dont il prend le nom pour aller à la mer qu'il atteint 2 lieues plus loin. Large de 50 à 60 mètres, profond de 5 à 6, on le passait, il y a quelques années, sur un beau pont en bois que les bonzes des pagodes des alentours avaient construit et qui, aujourd'hui, est absolument ruiné.

En remontant le prec, on trouve sur ses rives le village de Neac-Trang, jusqu'où il est navigable, puis ceux de Tanih et de Trepang-Sala. Entre Kebal-Reméas et la mer est situé Kompong-Khé (rive de la lune), village aussi populeux que ce dernier. Un peu plus haut que Kebal-Reméas, le prec reçoit sur sa rive gauche le prec Sla-Taonn (noix de taonn, nom d'un palmier), venant de la petite montagne de ce nom qui se soulève à 3 kilomètres à l'est.

Cette montagne n'a pas plus de 60 mètres ; on y arrive en suivant un sentier qui court à travers les rizières ; elle contient une vaste caverne curieuse à plusieurs titres. La plus facile des entrées est élevée de 8 à 10 mètres ; à partir du seuil, la grotte est jonchée de débris de coquilles marines ; pour peu qu'on fouille le sol, on trouve presque intacts et assez bien conservés des exemplaires des genres *Strombus* (Linné), *Arca*, *Pectunculus*, *Cardium*, *Venus*, *Natice*, *Murex*, *Triton* (Lamark), et des morceaux d'un certain nombre d'espèces plus légères qui n'ont pas résisté à l'action du temps et de l'humidité. Les échantillons recueillis seront l'objet d'une étude spéciale. Pnom-Sla-Taonn est à 8 ou 10 kilomètres de la mer ; le terrain qui l'en sépare est alluvionnaire et uniformément bas.

De la première ouverture de la grotte, en passant par d'étroits boyaux, d'obscurs réduits, dont un suintement calcaire a recouvert les parois de concrétions mamelonnées qui donnent aux aspérités du roc les formes les plus singulières, on arrive à une autre entrée, dont le jour indécis montre vaguement, au fond d'une profonde déchirure du sol, un cercueil vermoulu s'en allant en poussière. Là repose un Neac-Trang (homme juste) que le pays vénère.

A l'époque du nouvel an, alors qu'ils vont entretenir les tombes des parents morts, les familles chams se rendent en nombre à la caverne, une torche à la main ; chacun veut la parcourir en tous sens ; aux ouvertures, partout, à travers le feuillage, apparaissent les écharpes éclatantes, les costumes de fête. On nettoie les abords du tombeau ; en un instant, il est couvert de minuscules étendards de cotonnade blanche, les prêtres musulmans s'en approchent en priant ; ils arrosent le cercueil d'eau parfumée ; après la cérémonie, de tous côtés on étale sur le sol des provisions, fruits et gâteaux ; le repas fait, la foule se disperse.

Le voyageur Mouhot, qui passa à Kampott en 1859, a consacré à ce petit pays tout un chapitre plein d'intérêt. Il y avait particulièrement remarqué le fameux pirate chinois Mun-suy, devenu garde-côte, qui, peu avant d'avoir cette importante fonction, avait pillé Hatien et continuait du reste à être la terreur de toute cette partie du golfe.

Ce gros personnage, comme l'appelait le sympathique voyageur, perdit plus tard navire et fortune dans un naufrage qui mit fin à sa carrière navale. Aujourd'hui, vieux, presque pauvre, il habite, respecté, Kampott dont il fut longtemps l'effroi. Il lui est resté, de son ancien métier, une grande habileté dans l'art de panser les blessures ; unique chirurgien du pays, on vient le trouver de plusieurs lieues à la ronde. Il ne fait pas payer ses soins.

III.

On n'avait jusqu'à présent que des renseignements incertains, et pour la plupart inexacts, sur le pays compris entre le prec Kampott et le prec Kompong-Som, entre la chaîne de l'Éléphant et la mer; ce territoire presqu'inconnu appartient aux provinces de Kampot et de Kompong-Som.

Sillonné par une quantité de cours d'eau dont plusieurs sont importants, il est, dans quelques-unes de ces régions basses, admirablement bien cultivé en rizières ; mais la plus grande partie de son sol inculte a un aspect sauvage : tantôt d'une fertilité sans égale, il est couvert de forêts dont la prodigieuse exubérance contraste avec la végétation malingre de terrains arides qui leur succèdent pour ainsi dire sans transition ; ailleurs, ce sont de vastes plateaux dénués d'arbres, sur lesquels paissent des troupes de cerfs ; de longues plages de sable ou des marais garnis de palétuviers forment la côte. Les hameaux et les villages qu'il contient sont en général situés au bord des rivières et à peu de distance de la mer.

C'est pendant la période effective de l'occupation annamite dans les provinces maritimes du Cambodge que fut tracée la route qui, partant d'Hatien, allait se terminer à Kompong-Srela, extrémité navigable du prec Kompong-Som.

Un autre chemin, également l'œuvre des Annamites, partait d'Oudon et venait aussi aboutir à ce poste militaire, au-delà duquel la communication avait lieu par barques avec Sré-Umbell, principal centre de la province de Kompong-Som et avec le golfe de Siam.

Quoique pas un des nombreux ponts en bois jetés assez solidement sur les torrents et les petits fleuves pour supporter le passage des éléphants ne subsiste, la première de ces routes est encore suivie des indigènes lorsque, par terre, ils se rendent de Kampott à l'un des points qu'elle rencontre ; ils ne s'en écartent guère que pour éviter les endroits devenus trop difficiles.

On lui a conservé le nom de Phlau iuon (route annamite). Les anciens se souviennent des soldats vêtus de rouge et coiffés du petit salacco de bambou qui, escortant le service du tram fait dès cette époque très-régulièrement, la parcouraient armés de fusils ou de lances, faisant réparer les ponts par la population et remettre en état le chemin que les pluies avaient défoncé ou que la végétation avait envahi.

C'est surtout à partir de Teuc-Laak, petit port éloigné de 10 kilomètres de l'embouchure du prec qui porte son nom et situé à mi-chemin de Kampott à Kampott-Srela, que la voie était bien entretenue et qu'on en rencontre encore quelques vestiges. Le plus souvent, on y venait en barque d'Hatien ou de Kampott, le trajet s'effectuait ensuite à pied. Des abris, dont il ne reste plus de traces, étaient disposés de distance en distance pour les haltes.

Aujourd'hui, le chemin est loin d'être commode ; il n'est guère fréquenté que par les gens conduisant, pour les y vendre, des troupeaux de buffles en Cochinchine, ou par les indigènes qui, allant d'un village à un autre, n'ont qu'un court déplacement en perspective. Les marchands et la plupart de ceux qui ont à faire le voyage prennent des jonques et suivent la côte.

Outre une multitude de ruisseaux et de torrents dont il sera parlé plus loin, qui, quoique à sec ou guéables pendant la sécheresse, n'en constituent pas moins pendant la saison pluvieuse des obstacles d'autant plus insurmontables que les barques ne les remontant pas ne peuvent servir à leur passage, les douze cours d'eau suivants, torrents la majeure partie de leurs cours fort limité et qui, dans le reste, subissent l'influence de la marée, coupent la route en des points où ils ne peuvent, à quelque époque que ce soit, être passés qu'en bateau :

Prec Câh-Tauch, prec Kedat, prec Entioh, prec Thnot, prec Trépang-Repou, prec Pras, prec Sangké, prec Téal, prec Teuc-Tla, prec Teuc-Laak, prec Pahau, prec Bac-Anchienn.

Les villages ou hameaux qu'on rencontre dans le trajet sont ceux de : Câh-Tauch, Prec-Thnot, Teuc-Laak, Sré-Thom, Swai, Champa, Véal.

En voyageant dans les meilleures conditions de saison, il est possible d'arriver à Kompong-Srela le soir du quatrième jour de marche ; on doit dans ce cas passer la nuit à Prec-Thnot, à Sré-Thom et à Swai. La marée se fait sentir dans le prec Kompong-Som, au-delà de K.-Srela, et permet, si elle est favorable, d'atteindre Sré-Umbell en sept à huit heures.

Maintenant, un peu de détails sur la route et quelques mots sur l'aspect sous lequel se présente le pays à la fin de décembre.

Simple sentier allant droit au sud, puis à l'ouest pour contourner l'extrémité méridionale de la chaîne de l'Éléphant, le chemin passe d'abord dans les rizières qu'on trouve en quittant Kampot et s'engage sous bois, à distance plus rapprochée du golfe que des montagnes. Il est si peu fréquenté qu'en maints endroits la végétation l'a effacé. Les branches d'arbres y créent de tels obstacles que, dès les premiers pas, on doit renoncer à voyager autrement qu'à pied.

Bas, par moments humide, généralement sablonneux, le terrain du côté de la mer est revêtu d'une maigre forêt où dominent souvent différentes sortes de palétuviers *(Carallia, Bruguiera, etc.)*, et qui, à mesure que sur un sol plus élevé elle se rapproche des monts qu'elle dérobe à l'œil, pousse plus vivace, plus touffue. Le manguier sauvage *(Mangifera)* et le popel *(Vatica)* sont surtout communs le long de la route.

On n'est pas en marche depuis une heure, que déjà trois ruisseaux de 1 à 2 mètres de largeur ont été traversés et qu'on se trouve au bord du prec Roluos (nom de l'*Erythrina indica*, faux flamboyant), torrent large de 8 mètres, qui va droit à la mer et sur le beau fond de sable duquel un pied d'eau claire coule doucement.

Un ruisseau se présente encore avant d'atteindre le prec Romduol (nom de l'*Unona mesnyi*, Pierre), arbre dont la fleur, employée en médecine par les indigènes, leur sert aussi à parfumer la cire pour les lèvres, autre torrent pareil au précédent, qui doit son nom au grand nombre d'arbres de cette espèce, répandus dans les environs, mais méritant bien mieux celui des sangsues de terre appelées en cambodgien *tek*, qui, en cette saison, fourmillent particulièrement sur ses bords.

Cette succession de petits cours d'eau a bientôt démontré l'impossibilité de marcher avec des chaussures; aussi bien il est préférable d'aller jambes nues, les sangsues étant ainsi plus faciles à enlever.

Une ornière, longue de cent pas, dans laquelle on a eau ou boue jusqu'au ventre, précède un peu le prec cah Tauch (petite île), qui, large de 40 mètres, profond de 3 à 4, est formé par les torrents venus des ravins qu'on aperçoit entre pnom Sruoch (pic) et pnom Bac-Cô (bosse de bœuf), sommets les plus élevés de la chaîne qui se continue à droite. La marée se fait sentir assez loin dans ce prec, que quelques barques remontent, allant charger du bois ; le village qui porte son nom est tout auprès, composé de quinze à vingt cases ; il est entouré de rizières dans lesquelles paissent bon nombre de buffles. Ce hameau, situé à 11 kilomètres de Kampott, se nommait autrefois Ramset, et était établi à un quart d'heure plus à l'ouest; la terre en cet endroit s'étant appauvrie, les habitants vinrent se fixer sur l'emplacement actuel.

Des palmiers à sucre en abondance parsèment le terrain ; on ne tarde pas à dépasser les champs délaissés de Ramset pour entrer sous les ombrages d'une vigoureuse forêt dont la beauté, jointe aux violents parfums des aréquiers sauvages qui s'élancent sous les grands arbres efface les inconvénients qu'offre un chemin presque oublié.

Les torrents continuent à se succéder : c'est d'abord le *au* Thma-Roung (pierre trouée), dont le nom vient d'un énorme bloc de granit qui le barre à son embouchure ; vient ensuite le prec Thngau-Tauch, puis le prec Thngau-Thôm, qui se sépare en deux branches un peu avant de couper le chemin, et le *au* Schlo-Chnéa (ruisseau de la dispute), déjà desséché.

Les petites collines de pnom prec Smach se montrent entre la chaîne et la route ; à leur approche, on se dirige fortement vers le sud, pour traverser en bateau, juste à son embouchure, le prec Kedat (nom d'une variété de lotus) que la marée remonte assez avant ; large de 25 mètres, profond de 3 à 4, les caïmans y seraient si nombreux que les indigènes, craignant de le faire traverser aux bestiaux, font un détour de 500 mètres et les mènent à marée basse passer en mer sur le sable qui obstrue l'entrée du prec ; celui-ci débouche dans une petite crique dont la plage sablonneuse, toute garnie de filaos *(Casuarina equisetifolia)*, tranche agréablement sur le reste de la côte qui, au loin, montre sa vase et ses palétuviers. Au-delà du prec Kedat, on suit la côte de très-près ; la nature change insensiblement d'aspect, et après avoir traversé le *au* Chanh-Anh (ruisseau de la défaite) qui est insignifiant, le prec Entioh (nom d'une herbe qui sert à faire des nattes) ensuite, qui lui, large de 10 mètres, est profond de 2, il faut marcher dans de véritables marécages, couverts d'arbres qui leur sont propres, mais où le smach (tram) est surtout abondant ; on doit même, afin d'éviter de longues fondrières aux approches du prec Smach, se diriger vers la mer pour prendre un bateau et passer sur le bord opposé. Plus loin, à 1 mille, se trouve, sur la rive gauche du prec Thnot, le village de ce nom, situé à 12 kilomètres de Cah-Tauch, habité par une vingtaine de familles cambodgiennes dont on vient de traverser les rizières, par plusieurs trafiquants chinois et par une centaine d'Annamites. Voici bientôt quinze ans que quelques-uns de ces derniers sont venus s'y établir ; depuis lors, leur nombre s'est accru, et peu s'en faut qu'ils ne forment la majorité du village ; ils ne s'occupent pas de pêche et sont complétement livrés à l'exploitation des bois de la montagne : ils en font des planches ou des barques, que leur ont généralement commandé d'avance des Chinois d'Hatien ou de Kampott.

Le prec est profond, bordé de palétuviers ; comme les précédents, il est formé par un torrent venu de la chaîne, mais son trajet est relativement plus long que les leurs ; il contourne avec de nombreuses sinuosités les collines de prec Phnom-Smach et, à cause des roches qui encombrent sa partie supérieure, ne commence guère à être navigable qu'une heure avant d'arriver à la mer. Cependant, les Annamites le remontent avec des pirogues jusqu'au pied des montagnes. De prec Thnot à son embouchure, presque complétement envasée, il faut à peu près quinze minutes en barque.

Le premier cours d'eau qui se rencontre ensuite est le prec Trepang-Repou (mare, courge) ; il est large de 20 mètres et profond de 3 ; son lit est rempli de bancs de sable et ses rives, ainsi que celles du prec Pras (nom d'un poisson) qu'on trouve peu après, sont marécageuses et d'un accès difficile ; ce dernier n'a pas plus de 8 mètres de largeur ; le petit *au* Kressat, éloigné de dix minutes, doit probablement en être un bras ou un affluent.

Le terrain est un peu cultivé près de prec Thnot, il est ensuite absolument inculte ; de longues forêts-clairières parsemées de smach (tram, *Melalcuca)*, dont l'écorce est exploitée par les Cambodgiens, sont suivies de broussailles inextricables entremêlées d'arbustes et surtout de palmiers, parmi lesquels se remarquent des variétés qu'on trouve abondamment dans le voisinage de la mer, telles que le trick (?) qui a l'apparence et le développement de l'arbre à sucre, le taonn (?) servant à faire des colonnes et des lattes estimées et dont le cœur, ainsi que celui du penh (?), aussi très-abondant, est fort apprécié des indigènes pour la nourriture. Il y a également beaucoup de palmiers pahau (?) ; leurs troncs, gros au plus comme le poignet, sont d'un bois très-dur et servent à faire les manches des lances et les bâtons de guerre en usage au Cambodge.

Après avoir traversé les deux branches du prec Sangké (nom d'un arbre porte-laque) (?), qu'un intervalle de 2 à 300 mètres sépare, et dont la première a 15 brasses de largeur sur 3 de profondeur, le chemin se dirige un peu plus au nord, les montagnes semblent seulement éloignées de 2 kilomètres, la forêt s'épaissit sur un sol variant à chaque instant; on passe successivement le prec Téal, large de 35 mètres, et le prec Teuc-Tla (eau claire), le seul sur lequel les restes d'un pont se voient encore. Enfin, à 1 kilomètre plus loin, le prec Teuc-Laack (eau trouble) clôt la série de ces petits cours d'eau qui, coulant au début dans un lit frayé sur les pentes, ensuite à travers l'alluvion, rayent presque parallèlement l'étroite bande de terre formée et constamment prolongée par eux de la chaîne à la mer.

Sur la rive droite, à environ 12 kilomètres de prec Thnot et à 5 de la mer, sont plantées les 12 ou 15 cases de métis chinois qui forment le principal hameau de Teuc-Laak, pays important dont les fertiles terres d'alluvion couvertes de rizières, ont une population relativement nombreuse de cultivateurs cambodgiens.

Plus considérable que les précédents, le prec commence à être navigable une heure au-dessus du village; au-delà de ce point, il n'est plus qu'un torrent encombré de roches et d'arbres morts où la marée ne se fait pas sentir. Sa largeur moyenne, dans la partie où il est fréquenté, varie de 25 à 50 mètres et sauf à son entrée, que les jonques doivent franchir à mer haute, il a, lorsque celle-ci est basse, une profondeur presque régulière de 2 à 3 brasses.

Au commencement de la mousson de N.-E., bon nombre de barques le remontent, venant principalement de Kampot, pour y acheter du paddy; les gens qui les ont équipées, Chinois ou Malais pour la plupart, se répandent dans la campagne, offrant des cotonnades, du tabac, de l'arec et diverses provisions de première nécessité, en échange du superflu de la récolte et du peu de gomme-gutte, résine, huiles, caoutchouc et autres produits des forêts recueillis sur les montagnes ou à leurs pieds.

Par sa configuration, la chaîne de l'Éléphant cause à cette même époque, dans la partie du pays qui, jusqu'à la mer, comprend un espace de 2 kilomètres de largeur sur chacune des rives du prec, un phénomène météorologique très-remarquable que les indigènes appellent khiâl-kadoc (vent de novembre), dont il n'est pas aisé, en passant rapidement, de se rendre bien compte. Le vent, avec une violence inouïe, se rue des hauteurs

3.

sur la plaine, la balaie littéralement, n'y laissant pas croître un seul arbre. On croirait, lorsqu'il souffle, être pris dans un ouragan furieux, voir un bouleversement de la nature. Les habitants assistent tranquillement à la destruction annuelle de leurs paillottes, attendant, pour les refaire, la fin de la saison, et se contentant, lorsqu'ils en ont les moyens, de reconstruire en planches les cloisons des cases. Il n'est pas rare de voir la récolte perdue ou compromise par le khiâl-kadoc, surtout si la maturité du riz est tardive. Le bruit assourdissant qu'il fait s'entend des hameaux voisins placés en dehors de son action et d'où l'on aperçoit les nuages de poussière et de paille sèche qu'il soulève et fait tournoyer.

A partir de Teuc-Laak, le chemin va être autrement facile à parcourir; désormais, suivant presque toujours l'ancienne voie annamite, il remonte fortement vers le nord sur un terrain consistant et de formation moins récente. Quelques coups de hache par-ci par-là suffiront pour faire disparaître les inconvénients créés par la végétation, et il sera possible de le suivre en éléphant. Les cours d'eau, aux endroits où ils le traversent, n'ont pas encore les dimensions qu'ils prendront plus au sud, et, à l'exception du prec Pahau, la première rivière qu'on rencontrera, ils n'y subissent pas les effets de la marée, et, sans eau dans la sécheresse, n'offrent en cette saison pour ainsi dire pas d'obstacles.

Sré-Thom (grandes rizières) est à trois heures de Teuc-Laak. Les prec Trau (nom d'une plante aquatique), Pahau (nom d'un palmier) et Bung-Rang, dont il sera question plus loin, coupent le chemin presque à égale distance les uns des autres. C'est quasi à leur source qu'on passe les deux petits ruisseaux qui, en se réunissant un peu au sud, deviendront la première de ces rivières. Le prec Pahau, dont l'eau est salée, a 10 mètres de large sur 2 de profondeur. Quant au prec Bung-rang, ce n'est encore qu'un ruisseau formant à cette place un étang de 300 mètres.

La route, depuis qu'on a quitté les rizières de Teuc-Laak, court sous les ombrages d'une forêt superbe et toute parfumée, jusqu'aux champs de Sré-Thom, où on la laisse pour, sur sa gauche, suivre à travers la plaine cultivée, pendant 2 kilomètres, un sentier conduisant au hameau. Celui-ci compte une quarantaine de cases de Cambodgiens ou de métis chinois; elles sont dispersées sur la lisière de la forêt ou au bord du prec Sré-Thom, par lequel sont expédiés les produits du pays. Le village confinait autrefois à la voie, mais, d'année en année, le terrain donnant une récolte plus insuffisante, les habitants le jugèrent pauvre, et, laissant leurs champs à l'abandon, défrichèrent la forêt; deux épidémies meurtrières vinrent alors décimer la population qui, les attribuant au sol sur lequel étaient plantées ses cases, les transporta au lieu actuel.

Après avoir rejoint la voie annamite à l'endroit où il a fallu la laisser pour aller à Sré-Thom, on passe en moins d'une heure le prec Sré-Thom, les deux bras du *au* Véal-Kandal (ruisseau du milieu de la plaine), les quatre branches du *au* Damrang et les deux du prec Chaum-Som. On retrouvera ces cours d'eau, avec les trois précédents, à propos du prec Swai, dont ils sont tributaires. Ils se sont creusés dans l'humus et la terre végétale un lit profond de plusieurs mètres dans lequel, aux pluies, ils coulent impétueusement, souvent à pleins bords, tandis que dans la sécheresse rarement quelques centimètres d'eau humectent leur fond de sable fin.

A travers une forêt de plus en plus riche et vigoureuse, on continue à longer à droite la chaîne de l'Éléphant. Dès que les torrents ci-dessus sont dépassés, le terrain s'élève un peu et change d'aspect; jonché de blocs de pierre, il est clairsemé d'arbres; on se trouve sur le plateau semi-aride de Véal-Ral.

Dans cette plaine, il n'est pas rare de rencontrer des cerfs ou des chevreuils broutant l'herbe à 15 à 1,800 mètres ; la forêt lui succède.

Il serait difficile de choisir un meilleur lieu de halte que la jolie clairière au milieu de laquelle le Trepang-Khial-Bac (étang, vent, flotter) conserve son eau sous les lotus. Le feuillage touffu des arbres de haute venue qui l'entourent permet en plein midi le repos à l'abri du soleil.

Le pays semble absolument désert : pas un être humain ne se montre; par endroits le sol est couvert de mousse, le loveng *(Laurus* sp.), cannellier qui n'est pas exploité, et le rong *(Garcinia morella)*, gomme-guttier, se voient à chaque pas.

Les eaux de l'étang s'écoulent, à quelques centaines de pas plus loin, dans le prec Totuol (réception), rivière large de 10 mètres, ayant encore un peu d'eau dans les creux de son lit. Pendant la saison pluvieuse, les pirogues peuvent la remonter assez avant vers sa source.

Quelques champs de riz dans une clairière annoncent qu'un village n'est pas loin; il ne reste qu'à passer le *au* Bung-Swai (ruisseau, marais, manguier), et, toujours sous bois, on atteint Swai en quelques minutes.

Swai est un tout petit hameau dont les cases, disséminées assez loin les unes des autres, sont habitées par des Cambodgiens cultivant juste assez de riz pour leur nouriture et s'occupant surtout de fabriquer des torches avec de l'écorce de smach et de l'huile de téal. Il est situé sur la rive droite du prec Swai, à 25 kilomètres de Teuc-Laak dont il dépend, malgré la distance qui l'en sépare.

Sorti de la chaîne de l'Éléphant, le prec Swai a ici 10 mètres de large; au fond de son lit encaissé entre deux berges hautes de 4 à 5 mètres, un mince filet d'eau court parmi les roches et les arbres morts qu'aux pluies, torrent furieux, il y a jetés. Il quitte bientôt les terrains de formation ancienne qui viennent d'être décrits, va serpenter dans l'alluvion que lui et quelques autres, dont il sera parlé, transformant des îlots en une vaste presqu'île, ont étendu jusqu'au pied des collines de Chœung-Cô (pied, bœuf), Véal-Reen, Somrong (nom d'un *Sterculia (?),* et Sré-Cham (rizières des Chams), qui, se suivant de très-près, limitent son bassin à l'ouest, et se dirige au sud pour mener ses eaux au golfe, à côté de l'embouchure du prec Teuc-Laak, recevant par conséquent celles de tous les torrents ou rivières qui, entre ce prec et lui, sillonnent le pays.

Lorsque, sur sa gauche, il a été grossi par les *au* Bung-Swai, prec Totuol, prec Chaum-som, *au* Damrang, *au* Véal-Kandal, et sur sa droite, par trois petits torrents descendant de la chaîne, ainsi que probablement par plusieurs autres sortant des montagnes de Pnom-Bac qui, devant, se montrent sur la droite, il prend le nom de prec Thom (grand) et, avant d'arriver à la mer, s'augmente sur sa rive orientale des precs Sré-Thom, Bung-Rang, Pahau, Trau, et, sur sa rive occidentale, des precs : Chœung-Cô (venu de la montagne du même nom), Véal-Méas (plaine d'or) qui a sa source entre Pnom-Chœung-Cau et Pnom-Véal-Reen; Somrong, sorti de Pnom-Somrong.

De plus, sur cette même rive, entre les precs Véal-Méas et Somrong, une sorte de petit canal, nommé prec Thmey (nouveau), le met en communication avec le Bung-Phlong et le Bung-Veng (marais long) qui s'étendaient autrefois jusqu'au pied des collines de Véal-Reen.

L'apport de tous ces cours d'eau lui donne des dimensions considérables; large en moyenne de 100 à 200 mètres, il en atteint 7 à 800 près de son embouchure, que les vases obstruent, et est navigable jusqu'à 3 kilomètres au-dessous de Swai, pour les barques de moyenne grandeur; ses affluents le sont également dans la partie inférieure de leur cours. Pendant une bonne moitié de la saison des pluies, il cache sous ses eaux la plaine basse qu'il traverse, déposant sur le sol l'énorme quantité de détritus et de limon enlevée aux berges des torrents.

L'accroissement progressif du terrain produit par ces dépôts annuels est rapide et visible; il est activé, dans certains endroits, par un système de barrages qui fait dans le double but de retenir à la fin de cette mousson les eaux dans les rizières et d'empêcher celles de la mer d'y pénétrer aux grandes marées, a en outre pour résultat de garder une plus forte couche d'alluvion.

C'est surtout à l'embouchure du prec Thom que le phénomène est frappant; on peut là se rendre compte de la rapidité avec laquelle s'accroît le dépôt alluvionnaire. Une des curiosités du pays est, sur la rive gauche, le Prey-Thmey (forêt nouvelle), vaste étendue couverte de palétuviers hauts de 5 à 6 mètres, gagnée sur la mer depuis moins de quinze ans. Ce terrain, où les indigènes se rappellent avoir été à la pêche avec leurs barques, ne tardera pas à être transformé en rizières.

Un pareil régime donne au sol une fertilité incomparable; c'est faute de bras, disent les gens du pays, qu'il n'est pas entièrement cultivé et que fréquemment on abandonne les anciennes rizières pour se porter sur les nouvelles terres qui donneront une plus abondante récolte.

Cette riche plaine contribue à rendre la province de Kampot une des plus intéressantes du Cambodge et mérite qu'on y jette un instant les yeux.

Elle est politiquement partagée en quatre srocs (le sroc est une division qui peut être comparée à la commune). Tout le territoire situé sur la rive gauche des prec Chœung-Cô et prec Thom, est rattaché au sroc de Teuc-Laak, dont il a déjà été dit quelques mots; celui compris entre les prec Chœung-Cô et le prec Somrong est divisé en deux parties : celle du nord forme le sroc Veal-Reen, la seconde le sroc Somrong. Le terrain au midi du prec Somrong appartient au sroc Reem.

Le sroc Teuc-Laak, dont la majeure partie se trouve le long des rives du prec de ce nom ou comme Swai, par exemple, dans les terres élevées rapprochées des montagnes, compte sur l'alluvion récente deux hameaux principaux : Kompong-Elech (rivage ouest) et Kompong-Smach. Le premier est placé au bord du prec Trau, à l'endroit où cette rivière commence à être navigable et où on vient la prendre pour se rendre au prec Thom, dont elle est le dernier affluent de gauche; il est dans la zone que le khialkadoc (vent de novembre) balaie si rudement et se compose d'une vingtaine de cases. Kompong-Smach, plus au nord et sur la rive droite du prec Thom, est à environ 7 kilomètres de la mer. Il était, il y a quelques années, fort en arrière de cet endroit; les habitants, pour aller occuper une terre plus féconde, ont abandonné l'ancien emplacement, qu'ils nomment Smach-Thom (grand smach) pour le distinguer du nouveau, appelé Smach-Tauch (petit smach).

En sortant du prec Trau, si l'on va à Veal-Reen, il faut remonter un peu le fleuve et entrer, sur la rive opposée, dans le canal nommé prec Thmey qui, très-étroit, profond et court, aboutit au bung Phlong, marais dans lequel une petite digue, retenant l'eau de l'inondation, maintient (fin de décembre) son niveau au-dessus de celui du prec, ne la laissant échapper que par une étroite brêche. On fait entrer les pirogues dans le bung en les tirant sur la rive d'abord et, de là, sur le talus peu élevé. Ce bung et le bung Veng (marais long) dont il est suivi, se rétrécissent de jour en jour et voient leur fond s'élever à vue d'œil; une partie notable du dernier est déjà transformée en rizières si fécondes, qu'il n'est pas nécessaire de les labourer : les gens du pays se contentent, avant le repiquage du riz, de faire périr l'herbe en la coupant au moment ou l'eau commence à s'élever.

Les vingt à trente cases de Véal-Reen sont éparpillées jusqu'au pied des collines de même nom ; on rencontre les premières en mettant pied à terre pour quitter le marais ; celles de Véal-Méas (plaine d'or), qui en dépend, se trouvent un peu au nord, à l'angle que forment Pnom-Véal-Reen et Pnom-Choeung-Cô. Les habitants de ces deux hameaux, ainsi que ceux de Kompong-Elech et de Smach, sont des métis chinois ou des Cambodgiens ; un bon nombre des rizières appartient à des Chinois et à des Chams de Kampott, qui les font cultiver par des serviteurs intéressés à la récolte.

Sous de beaux vieux arbres, ressortant d'autant mieux que la plaine en est dépourvue, des Cambodgiens ont planté leurs cases à petite distance des collines de Somrong, près d'un ancien rivage depuis peu conquis sur la mer, et dont ils ont transformé la plage sablonneuse, superficiellement recouverte de limon en de superbes rizières. Comme les collines, le village se nomme Somrong ; les hameaux qui en dépendent sont peu éloignés ; ce sroc est le moins important des quatre entre lesquels le pays est partagé.

En fouillant le sol à quelques pieds, on trouve en parfait état de conservation, parmi une quantité de débris de coquilles marines, des petites espèces appartenant aux genres *Nerita, Natice, Solarium, Rotella, Turitella, Cerithium, Strombus, Nassa,* etc. ; le fond des rigoles et le sable des chemins en sont jonchés. La mer est aujourd'hui à 6 kilomètres de Somrong ; les mollusques qui viennent d'être cités ne se trouvent pas sur les boues qui la bordent dans ces parages ; il faut, pour les rencontrer, aller jusqu'à l'extrémité de la presqu'île, aux pieds de Pnom-Srè-Cham.

Entre Véal-Reen et Somrong, sur la lisière de la forêt séparant les collines qui portent ces noms, sept cases au milieu des rizières sont habitées par une quarantaine de sauvages qui se croient les derniers de leur race. Ils se donnent le nom de Tchiong ; les Cambodgiens les appellent Sui.

Comment sont-ils là ? Il n'est pas facile de le savoir. Tout ce qu'ils content de leur histoire et ce que les Cambodgiens en savent se réduit à peu de chose. Autrefois, seuls habitants du milieu de la presqu'île, ils vivaient indépendants, isolés des populations voisines ; les Annamites eux-mêmes les avaient laissé vivre en paix. Le centre principal, résidence de leur chef, était Tapang, à une journée de marche dans l'ouest. Vint un jour l'invasion siamoise; sauf deux hommes à Somrong et trois familles à Tapang, qui réussirent à s'échapper, la tribu (environ 300 personnes) fut emmenée captive. Les restes du malheureux petit peuple, après s'être choisi un chef, vécurent d'abord misérablement dans les bois, puis, quand ils se furent assurés qu'ils ne couraient plus aucun danger, vinrent s'installer à Somrong et se mirent sous la protection du gouvernement cambodgien qui, confirmant la nomination du chef, lui donna le titre d'ochna et se réserva celle de ses successeurs ; placé sous l'autorité directe du iomreach (ministre de la justice), il eut à lui porter chaque année une redevance d'un picul de sarai (goëmon que mangent les indigènes) et un picul de ki (poisson pilé et salé) ; la tribu fut exemptée de tous autres impôts ou corvées.

Les nouvelles qui arrivaient des frères captifs étaient désastreuses : une partie avait péri en route, le reste dispersé, abattu par le malheur, n'avait pas tardé à disparaître ; au bout de peu de temps, on cessa d'en entendre parler.

Une des trois familles de la petite colonie de Somrong n'ayant pas eu d'enfants, le roi Ang-Duong, pour empêcher la tribu de s'éteindre, autorisa les mariages entre parents autres que frères et sœurs. Aujourd'hui, l'effectif est de 43 individus, dont 22 enfants.

Les femmes sui ne mâchent pas le bétel et ne mettent pas d'huile dans leurs cheveux frisés qui poussent touffus. Elles aident à la récolte et vont aussi travailler dans la forêt, mais, fuyant à la moindre alerte se dérobent soigneusement aux regards des indigènes des deux sexes, et il est remarquable qu'aucun de ces derniers n'ait vu le visage d'une d'entre elles. Parlant assez le cambodgien pour faire les transactions journalières, elles y procèdent de la façon suivante : des femmes de Cambodgiens ou de Chinois viennent isolément au hameau, déposent leurs provisions devant la porte des cases, appellent et se retirent ; la maîtresse du logis sort, examine et rentre quand elle a fait son choix ; la marchande revient, et c'est à travers la paillote qu'on se met d'accord.

Les Tchiongs allaient complétement nus avant l'invasion siamoise ; quoique encore peu vêtus chez eux, ils s'habillent à peu près comme les Cambodgiens pour les relations avec les gens du pays qui ne leur épargnaient pas les moqueries et dont ils adoptent peu à peu les usages.

Ils vénèrent les ancêtres et, ainsi qu'aux Neac-Thas-Prey (génies des bois), leur rendent une sorte de culte. Les fêtes se font en kadok (novembre) et pisak (mai). Ce sont eux qui préparent le vin de riz bu dans ces circonstances. Ils chassent à l'arbalète et empoisonnent leurs flèches. La tribu n'a pas d'esclaves.

Les hommes ont abandonné la coutume de se trouer les oreilles comme les femmes de quelques parties de la campagne cambodgienne le font encore. Il y a deux types parmi eux : les uns ont les cheveux lisses, le front découvert, l'air avenant ; les autres les ont crépus et respirent l'énergie, la méfiance. Ils sont de la taille des Cambodgiens.

Les terres en friche qu'ils cultivèrent jadis et celles de nouvelle formation qui les prolongent, considérées comme leur propriété, leur sont journellement demandées en concession par des cultivateurs chinois ou métis qui, moyennant un cadeau dérisoire, obtiennent, par un contrat en règle, fort curieux, autant d'hectares qu'ils en désirent. Voici la copie d'un de ces actes que M. de Coulgeans, télégraphiste à Kampott, a pu se procurer :

« Neac ocnha Khankiri mé prey thvu chéa sombot tùc, nou sê « Lim chen Chuor neang Buoy debét ban joc cas 1 trenot sra 1 « dâp sompot sã 5 hat sla molu thnam moc som dey prey nung « cap rean thvu chéa chomca srê roc si tâtou, nus neac ocnha « ban vós dey prey nou bóng Véang cabal totung 15 sén bondoy « 25 sén oi thvu roc si bó mean chhmos na moc sredey pracan « tha chéa ké robâs khluon com oi prom ; sombot thvu tùc nou « thngay 14 cot khê bós chhnam Thȁs Eckâsàc. »

Le cachet, que le chef de la tribu tient du gouvernement cambodgien, est apposé au bas de cette pièce ordinairement faite sur un morceau de cotonnade blanche et qui peut se traduire ainsi :

« Nous, Ocnha Khankiri, chef de la forêt, avons fait et remis le « présent acte au Chinois Sé Lim Chuor et à dame Buoy qui pour « obtenir la concession d'un terrain inculte qu'ils transformeront

« en jardin ou en rizières afin de pouvoir gagner leur vie nous « ont apporté : 1 ligature de sapèques (0 fr. 75 cent.), une bou- « teille d'eau-de-vie, 5 coudées de cotonnade blanche (2 mèt. « 50 cent.), de l'arec, du bétel et du tabac. Près du marais de « Véang, nous leur avons mesure un terrain large de 15 sen « (600 mètres) et long de 25 sen (1,000 mètres). Ils pourront le « cultiver et vivre de son rapport. Si quelqu'un réclame en disant « que ce bien est son héritage, il ne faudra pas tenir compte de « sa réclamation. »

« Cet acte a été fait et délivré le 14e jour du mois Bos, année « Thă Eckăc sac (du lièvre) 1880. »

Leur langage, dans lequel ils ont introduit une quantité de mots cambodgiens et qui n'a pas d'écriture, ne peut guère tarder à disparaître. Tous, tant bien que mal, savent cette dernière langue; leur petit nombre, les relations croissantes que les nécessités de la vie les obligent à avoir avec leurs voisins, accéléreront l'oubli de l'idiome de leurs pères; déjà, ils sont à moitié à la merci de créanciers chinois qui en feront peu à peu leurs serviteurs; ils finiront par se confondre avec le reste de la population, à moins cependant qu'ils ne fuient dans les bois.

Le tableau suivant des mots usuels de cette langue, qui se rapproche beaucoup de celles des Samré et des Xong, pourra aider à reconnaître leur nationalité :

FRANÇAIS.	CAMBODGIEN.	TCHIONG.
Un	Muey	Mos.
Deux	Pi	Péas.
Trois	Bey	Chés.
Quatre	Buon	Phoos.
Cinq	Pram	Param.
Six	Pram muey	Katoong.
Sept	Pram pil	Kanur.
Huit	Pram bey	Kraki.
Neuf	Pram buon	Kanchéa.
Dix	Dâp	Haray.
Onze	Motondap	Raymos.
Vingt	Maphey	Péas si.
Vingt et un	Maphey-muey	Péas hasimos.

FRANÇAIS.	CAMBODGIEN.	TCHIONG,
Trente	Samsèp	Chéas uisi.
Quarante	Sésèp	Phoos si.
Cinquante	Hasep	Param si.
Soixante	Hoc sep	Katoong si.
Soixante-dix	Chet sep	Kanul si.
Quatre-vingts	Pet sep	Kati si.
Quatre-vint-dix	Cau sep	Kanchéa si.
Cent	Moroi	Mas chhur.
Cent un	Moroi muey	Mas chhur mos.
Homme	Pros	Chumlong.
Femme	Srey	Chumkhon.
Enfant	Con	Khéen.
Aîné	Bâng	Slâng.
Cadet	Pôôn	Môt.
Père	Oupuc	Ur.
Mère	Meday	Méi.
Épouse	Propon	Chas kon.
Époux	Phdey	Châlôôr.
Corps	Khluon	Kop.
Tête	Cabal	Kût.
Cheveu	Sâc	Sok.
Œil	Phnêc	Mat.
Nez	Chremos	Antâ.
Dents	Thménh	Khoi.
Oreille	Trachiêc	Proléang.
Bras	Day	Tî.
Ongle	Crâchâc	Kakth.
Chair	Sach	Chûôc.
Excréments	Ach	Tâkhik.
Urine	Nom	Kôs.
Malade	Chhùr	Két.
Voir	Khùnh	Téang.
Aller	Tôu	Chév.
Venir	Moc	Inléas.
Courir	Rôt	Mintuv.
Cacher	Puon	Sùk.
Manger	Si	Chha.
Boire	Phoc	Thas.
S'habiller	Sliêk	Sâbis.
Dormir	Déc	Pich.
Pouvoir	Ban	Takhiên.

FRANÇAIS.	CAMBODGIEN.	TCHIONG.
Vouloir..........	Châng....................	Mos.
Acheter..........	Tinh.....................	Tiv.
Vendre...........	Lôc......................	Toc.
Aimer............	Sralanh..................	Mos.
Jour.............	Thngay...................	Thâ ngès.
Nuit.............	Jûp......................	Chhéap.
Matin............	Prùc.....................	Péar.
Midi.............	Thngay trang.............	Thà ngês totuor.
Soir.............	Thngay longéach..........	Tha ngês pês.
Ciel.............	Mic......................	Jul.
Terre............	Dey......................	Thès.
Tonnerre.........	Phcor....................	Kâthes.
Pluie............	Phlieng..................	Kamas.
Eau..............	Tùc......................	Téar.
Montagne.........	Pnom.....................	Noor.
Forêt............	Prey.....................	Bàry.
Maison...........	Phtéa....................	Tàng.
Fer..............	Dêc......................	Kràhoong.
Lance............	Ampéng...................	Sras.
Arbalète.........	Sna......................	Sar.
Flèche...........	Pruonh...................	Chàrôôt.
Blanc............	Sà.......................	Prôông.
Noir.............	Khmau....................	Chàc.
Rouge............	Cràhâm...................	Ngauv.
Étoffe...........	Sompot sa................	Trâhéas.
Tabac............	Thnam....................	Anchok.
Couteau..........	Combét...................	Chas as.
Eau-de-vie.......	Sra......................	Kà ranh.
Quel prix? (combien)	Thlay pomnan.............	Thlay-chhi-is.
Méchant..........	Kaach....................	Kadim-ka.
Bon..............	Làâr.....................	Moléng.
Adieu............	Léa son..................	Chy.

Avec quel regret, pressé par le temps, ne quitte-t-on pas ce singulier pays en se contentant, sur le sroc Réem qu'on n'a pu visiter, des renseignements recueillis auprès des indigènes?

Réem, le plus important des quatre srocs, serait situé au sud-ouest de Somrong, au bord du prec du même nom, affluent de gauche d'un fleuve ayant sa source dans le versant ouest des collines de Véal-Reen, appelé, ainsi que l'est le prec Swai dans son cours inférieur, prec Thom, et qui aurait un autre affluent important, le prec Teuc-Sap (eau fade). Entre ce deuxième prec Thom et celui dont il a été parlé, on trouverait l'embouchure du prec Bunteay-Prey (forteresse, forêt). La petite montagne de Sré-Cham (rizières des Chams) qu'on aperçoit au sud, porte le nom d'un village détruit par les Siamois dont tous les habitants furent emmenés en captivité, et qui, très-florissant avant ce désastre, n'a pas été repeuplé.

D'après la douane cambodgienne, fort sujette à caution, la récolte du riz, dont la majeure partie est expédiée à Kampott, ne dépasserait pas, dans les srocs de Teuc-Laak, 530 piculs; Véal-Reen, 550 piculs; Somrong, 420 piculs; Réem, 1,000 piculs.

Pour qui a vu le pays, ces chiffres ne méritent pas l'attention.

Pendant le temps nécessaire pour, des bords du prec Thom, rejoindre Swai, on a devant soi la chaîne de l'Éléphant, appelée sans doute ainsi sur les cartes marine par pur caprice du navigateur, et à laquelle il n'est peut-être pas trop tard pour rendre le nom de Kamchay qu'ici, comme à Kampott, les Cambodgiens continuent à lui donner. Elle se prolonge presque sans ondulations en appuyant au nord, gardant, depuis les sommets élevés de Pnom Sruoch (mont pointu), de Pnom-Bac-Cô (mont, bosse, bœuf), une hauteur uniforme de 7 à 800 mètres et laisse apercevoir dans le lointain son extrémité occidentale soutenue par une sorte de contrefort dépourvu d'arbres, aplati au sommet, dont l'affaissement graduel et peu sensible a la régularité d'une œuvre humaine.

Longue muraille cachant un pays encore inconnu, elle est le plus souvent revêtue d'une impénétrable forêt; parfois, cependant, un simple tapis de verdure la recouvre. Son flanc abrupte, quelquefois écroulé, est par endroits à pic comme une falaise. Quoique riche par ses bois et leurs produits, elle est peu exploitée et n'est guère parcourue que par les fauves de toutes sortes qui la peuplent.

Dès en quittant Swai, le chemin s'engage dans une épaisse forêt jonchée de blocs de limonite et séparée par un torrent à sec, d'une longue clairière que deux autres ruisseaux divisent en trois parties portant les noms de Véal-Anon, Véal-Tap (plaine du combat), Véal-Trepang, Pnom-Bac (plaine de l'étang de Pnom-Bac).

Ce sont les montagnes de Pnom-bac qu'on aperçoit à gauche en avant; rameau de celles de Kamchay, elles commencent brusquement, à pic, comme détachées par accident de ces dernières, ce qui leur a valu le nom de Monts cassés, et vont en s'allongeant vers le sud, hautes de 300 pieds, très-boisées, limiter le bassin du prec Swai. Le *au* Chvek qui, au fond de son lit, garde encore un peu d'eau, est le dernier affluent de ce fleuve vers lequel se rendent aussi les trois torrents précédents; sorti, ainsi qu'eux, de Pnom-Bac, il coule, très-encaissé, vrai nid de sangsues, entre le Véal-Trepang, Pnom-Bac et le petit plateau de Thma-Angkep qui, large de 3 kilomètres, sert de trait d'union aux montagnes cassées et à la grande chaîne de droite.

Le véal Thma-Angkep a un sol sablonneux et pas d'arbres; l'herbe y pousse maigre, point serrée. D'énormes blocs d'une sorte de conglomérat, ressemblant au béton, y gisent çà et là épars; le plus gros, jeté sur un autre à cent pas du torrent, rappelle, par sa forme et sa disposition, les *roches tremblantes* des contes du vieux temps. Ce n'est qu'on se baissant qu'on peut apercevoir, au fond de la cavité qui l'entoure, la base sur laquelle il se tient. Songeant à le faire osciller, on le pousse; de fait, un puissant effort aurait peut-être ce résultat. Les Cambodgiens ne pouvaient manquer de le rendre plus curieux encore: il est la résidence du Néactha-véal (génie du véal).

Entre les deux pierres, tout au fond, disent-ils, dans un recoin que l'on ne peut pas voir, habite une grenouille d'un âge incalculable, d'une grosseur prodigieuse: c'est le Néactha. Une fissure du roc lui permet de s'enfoncer en terre, un creux dans la pierre se remplit d'eau, aux pluies, pour son usage. Tous les deux ou trois ans, les habitants des hameaux voisins et même éloignés jugent utile d'aller lui rappeler qu'étant leur protecteur, il ne doit pas cesser de les garantir des épidémies, de les préserver de la dent du tigre ou du caïman et de veiller sur leurs récoltes. On se donne rendez-vous au véal Thma-Ang-Kep (plateau, pierre, grenouille). Un des anciens, en présence de la foule, explique au génie le but de la visite; si, quand il a fini, un coassement sonore répond à son discours, les cris de joie éclatent bruyants et on va festoyer sur l'herbe. Quand le Neactha ne dit rien, il y a mille raisons pour expliquer son silence ; on n'en festoye pas moins bien.

Lorsqu'il a achevé de mettre le voyageur au courant, le guide se figure le voir sourire ; se mettant alors à plat ventre, il allonge un bras sous la roche et, ramenant sa main pleine d'excréments, lui montre une preuve concluante de la présence du Néactha.

Une série de petites collines éparses au sud-ouest semblent, dans le lointain, se rattacher à Pnom-Bac. Pnom-Chamkar-kui (montagne, plantation, kui), la première, en est éloignée de 1,500 mètres et n'est pas à moins de 1 kilomètre plus au sud ; elle doit son nom à un arbre fruitier appelé en cambodgien kui (*Willughbeia)* qui y serait très-commun. Les suivantes, à des distances de plus en plus considérables du chemin, se nomment : Pnom-Taecon, Pnom-Bung-Trach (montagne, marais, trach), Pnom-Pneng (nom d'un arbre), Pnom-Kopok, etc.

Au véal Thma-Angkep succèdent les véals : Prey-Totung-Thom (forêt, largeur, grande), Kom-Sen, Kom-Preng, Chem-Tom (chinois, pleurer). Paraissant à l'abri de la crue des torrents, séparés les uns des autres par des petits ruisseaux ou des réminiscences de la forêt, ces plateaux déserts, éclaircis par la hache et le feu, couverts d'une herbe courte, ont l'aspect de vastes pâturages dans lesquels de grandes mares cerclées par le piétinement des buffles sauvages, des cerfs, etc., gardent suffisamment d'eau pour attendre les pluies.

Boisés sur les côtés les véals le sont à peine aux abords de de la route ; cependant quelques essences sont répandues, mais les arbres sont jeunes ; il est probable qu'après que les Annamites eurent pour tracer la route et la rendre sûre, détruit la forêt sur un large espace, on a, quoiqu'elles ne soient pas exploitées, laissé pousser les espèces de valeur. Les kreuls *(Melanorrhéa,* sp.), qui pourraient donner quantité de laque noire, sont particulièrement communs ; c'est par milliers qu'on les compte. Les tatrau *(Nauclea)* dont les branches, comme celles d'un candélabre, se relèvent vers la tige, sont, avec plusieurs autres, assez nombreux.

En même temps qu'on est sorti du véal Thma-Ang-Kep, on a quitté le bassin du prec Swai et la province de Kampott pour entrer dans celui du prec Bac-Enchienn (bague cassée) et dans celle de Kompong-Som.

Depuis longtemps déjà, la petite chaîne de Kidauk est en vue, ramification de celle de Kamchay ou de l'Éléphant, qu'on a dépassée en quittant le véal Prey-Totung-Thom, allongée en arrière, et, pendant les deux tiers de sa longueur dans la même direction que cette dernière, elle est moitié moins haute qu'elle et se recourbe à l'extrémité ouest comme pour barrer la route.

Entre les deux chaînes, s'étend la vallée d'où sort le Bac-Enchienn, qui coule ensuite le long des montagnes jusqu'au moment où, limitant le véal Chen-Iom, il coupe le chemin. Sa largeur à cet endroit est de 25 mètres ; gonflé, il peut avoir de 4 à 5 brasses de profondeur, mais dans la sécheresse, quoique la marée le refoule un peu, le prec n'a guère plus de 1 mètre à 1 mèt. 50 cent. d'eau sur un fond de gros gravier semé de roches mobiles et de troncs d'arbres qui rendent la batellerie impossible.

La voie annamite ne passe pas ce cours d'eau, elle en longe à distance le bord gauche pour se terminer sur la même rive, en face de l'ancien poste de Kompong-Srela, auquel elle était réunie par un pont. Depuis que celui-ci est détruit, on ne la suit plus en éléphant ; c'est à peine si quelques piétons la parcourent ; la végétation achève de la reconquérir.

Sur le bord du chemin par lequel on termine aujourd'hui le trajet de Kompong-Srela, se trouvent les hameaux de Champa et de Véal ; assez éloignés de la rive droite du fleuve, ils sont les seuls qu'on rencontre depuis Swai. Pour les atteindre, on se rapproche davantage des Pnom-Kidauk, et au moment où le *au* Van-Cherei (ruisseau du cherei *(Ficus)* enroulé), torrent qui en sort, se présente et coupe la route, ces montagnes ne sont pas à 2 kilomètres. La végétation est notablement la même qu'auparavant; par endroits, une sorte de chêne *(Quercus)* nommé en cambodgien chré, couvre le sol de ses glands ; le trach, le thebeng *(Dipterocarpus)*, le kreul, sont surtout en majorité.

En arrivant à Champa, le terrain assez découvert permet de jouir d'un coup d'œil aussi inattendu que curieux. Des petits groupes de collines, espacés à différentes distances dans l'ouest, apparaissent comme unies les unes derrière les autres, ondulant, moutonnant ainsi que des vagues, laissant croire par leur disposition qu'on va entrer dans un pays montueux, accidenté. L'illusion est si complète que le voyageur non prévenu ne songe pas à se renseigner sur ces diverses chaînes qui, pour lui, ne forment qu'un tout.

Les 12 ou 15 cases de Champa sont çà et là plantées aux pieds des dernières hauteurs de Kidauk, dans une campagne demi-défrichée, couverte d'arbres à fruits. Le hameau appartient au sroc de Véal, village éloigné de 3 kilomètres. Les superbes rizières que cultivent les habitants de Véal commencent dès qu'on a passé le *au* Crang et le prec Stung-Véal, ruisseaux roulant de l'eau claire sur un lit de sable large de 3 mètres. Ce petit pays doit un aspect vraiment original aux sentiers bordés de haies, ombragés de palmiers à sucre et de cocotiers courant autour de ses champs.

Une demi-heure de marche encore et Kompong-Srela sera atteint. Dans ce court trajet, la nature du sol se modifie absolument; des champs cultivés de Véal, dont le terrain un peu sablonneux est relativement élevé, puisque la marée ne se fait pas sentir dans son petit prec, on tombe dans une vaste plaine d'alluvion, sans arbres, couverte de très-hautes herbes, à peine au-dessus du niveau du prec Bac-Enchienn qui la traverse.

C'est ce point que les Annamites avaient choisi pour la rencontre de leurs grandes voies terrestres; c'est là, à 20 kilomètres de Swai, qu'ils avaient élevé le fort de Kompong-Srela au bord et sur la rive droite du prec qui, large de 25 à 30 mètres, profond à marée basse de 3 à 4, commence à être navigable.

Enceinte rectangulaire au centre de laquelle végète un chétif pôu *(Ficus indica)*, cette station militaire mesure 100 pas sur ses faces nord et sud et 75 sur chacune des deux autres; son talus n'a pas gardé une bribe de la forte palissade de madriers dont il était revêtu. Large de 3 mètres à la base, il n'a guère que 2 pieds et demi de hauteur. Quant au fossé que le limon du fleuve achève peu à peu de combler, il commence à 3 pas du bas du rempart; sa largeur est de 2 mèt. 50 cent. Il y avait deux portes : l'une débouchait sur le solide pont de bois qui mettait le fort en communication avec la route de Kampott et dont quelques pilotis remués par le courant indiquent la place; la seconde s'ouvrait sur la plaine que traversait le chemin d'Oudon.

De Kompong-Srela, dont le nom signifierait rivage découvert, l'œil, à l'est, au nord et à l'ouest, embrasse un remarquable horizon que limitent une série de montagnes très-peu élevées; ce sont d'abord celles de Kidauk, que suit à grande distance et fort en arrière le groupe des monts Pra-Chaul (Dieu entrer) prolongé lui-même par les Pnom-Relom (montages tombées), puis, sur le même plan à peu près que les Kidauk, les montagnes de Bac-Cang (bracelet cassé), dont le sommet le plus élevé est le plus rapproché de Pnom-Relom et s'appelle Cai-Tumpan. La végétation jusqu'au pied des montagnes semble avoir peu de développement: on dirait qu'à une époque récente, surtout aux environs du fort, le sol a été couvert de rizières. Un épais rideau d'arbres bordant les rives du prec en dessine les sinuosités et cache à la vue le sud du pays.

L'espace est petit entre les pnoms Pra-Chaul et les monts Relom : on lui a donné le nom de Thvéa (porte) Pral-Chaul. Le chemin de Kompong-Srela à Oudon qu'on nomme encore, ainsi que celui venant d'Hatien, « Phlau-Iuon » (voie annamite), y passait pour aller ensuite, à l'est, rejoindre sans doute l'ancienne route d'Oudon à Kampott.

IV.

Le prec Bac-Enchienn ne va pas sous ce nom à la mer; un peu avant d'arriver à Kompong-Srela, au point où, cessant d'être torrent, il commence à couler dans l'alluvion, il prend d'un petit hameau, aux environs duquel abonde une variété de rotin *(Calamus?)* appelée *Som,* la dénomination de prec Kompong-Som.

Adoptée sur les cartes marines et par les quelques auteurs qui parlent de l'existence de ce cours d'eau, cette appellation, généralement admise au Cambodge, n'est cependant pas la seule employée pour le désigner, et, assez fréquemment, les gens du pays, faisant précéder son nom primitif de celui de son premier affluent important, l'appellent prec Somrong-Bac-Enchienn. Quelquefois aussi, il est le prec Sré-Umbell, nom de l'unique port et du principal centre de la province.

Sorti, comme on l'a vu, de la vallée comprise entre le pnom Kidauk et la chaîne de Kamchay, coulant alternativement vers le nord-ouest et vers le sud-ouest, il mène, dans la mousson pluvieuse, au vaste estuaire à l'extrémité nord-est duquel il a son embouchure, les eaux et les sables des nombreuses rivières qui se dégorgent dans son lit et dont, dans la sécheresse, le débit, aussi insignifiant que le sien, permet à la marée de remonter fort avant leur cours.

Quoique de Kompong-Srela à la mer son trajet ne soit pas de plus de 40 à 45 kilomètres, il arrive, avant de l'achever, à avoir une largeur de près de 2,000 mètres. Sa profondeur minimum, sauf dans l'estuaire dont la passe difficile peut néanmoins être franchie à la haute mer, est de 2 à 3 brasses; mais les bancs sans nombre qui l'obstruent, particulièrement à partir de Sré-Umbell, en rendent la navigation pleine de difficultés. Les jonques suivent de préférence la rive droite, dont le fond est plus régulier. De grandes îles en formation, noyées pour la plupart à marée haute, émaillent le lit du fleuve dans sa dernière partie; elles ne contiennent ni terres cultivées ni habitations.

L'aspect du terrain dans lequel il trace ses méandres ne différerait pas sensiblement de celui qui, dans leur cours inférieur, borde les arroyos de Cochinchine, si de jolis groupes de collines, jetés çà et là comme des îlots dans le paysage, le rendant attrayant au possible, n'en rompaient pas la monotonie.

Les rives, dans les parties basses et marécageuses, sont couvertes d'innombrables palétuviers qui s'étendent vers l'intérieur; souvent, un impénétrable rideau de broussailles et de plantes aquatiques, d'où émergent en quantité des palmiers taon (?) et penh (?), cache aux yeux la plaine qui, ailleurs, apparaît presque nue, parsemée de smach *(Melaleuca)* inexploités.

Le prec Kompong-Som a beaucoup d'affluents; en outre des torrents qui le joignent dans la vallée où il prend naissance, il est grossi sur sa rive droite par les *au* Van-Cherei, *au* Crang, prec Stung-Véal, qui ont coupé la route entre le Véal-Chen-lom (chinois, pleurer) et Kompong-Srela.

Ensuite, à partir de ce poste, il reçoit :

1° Sur sa rive droite, les precs Somrong, Combot, Tap-Chéang, Kompong-Kruoh, Pracam, Prang, Bung Prang, Chnéam, Chec-Prac, Jéam-Cranh;

2° Sur la rive gauche, les precs Bung-Trach, Caong, Tréak, Trepang, Kompong-Sdam, Relat, Dam-Kedon.

Sauf celui du prec Tap-Chéang, qui va être décrit, le cours de toutes ces rivières reste inconnu.

Partant du fort annamite avec la marée favorable, on ne met pas plus de cinq à six heures, en pirogue, pour arriver à Sré-Umbell. Jusqu'à ce point, pas une case n'est à proximité de la rive, nulle part une rizière n'est en vue.

Le confluent du prec Somrong *(Sterculia)* est le premier qu'on rencontre; élargie-là par deux îlots, cette rivière vient du nord et serait, disent les gens du pays, beaucoup plus longtemps navigable que la partie du prec Kompong-Som laissée en arrière.

Les collines de Pnom-Bung-Trach, couvertes de bambous impénétrables, font, à gauche, un peu après, faire un léger détour au fleuve, et le très-modeste prec Bung-Trach, sorti d'un marais à leurs pieds, vient lui apporter son tribut.

Quatre kilomètres plus loin, en se rencontrant avec le prec Kong (sinueux), venu de la montagne de pnom Bung-Krom (montagne, marais en bas), qui est assez loin dans le sud, le prec Kompong-Som quitte brusquement la direction qu'il suivait vers le sud-ouest et remonte droit au nord.

Dans ce pays où l'eau des precs est salée une grande partie de l'année, on a, au pied des collines et aux endroits un peu élevés, creusé des puits connus des indigènes et près desquels ils s'arrêtent, lorsqu'ils voyagent, pour préparer leur nourriture ou faire provision d'eau. C'est ainsi qu'avant d'arriver au confluent du prec Combot (chaux) on trouve, sur la rive droite, le lieu de halte nommé Andaung-Teuc-Sap (puits, eau douce).

Ce prec Combot, que les barques remontent jusqu'à un hameau nommé Trebec (goyavier), ne paraît pas aussi important que le Tap-Chéang qu'on trouve tout à côté. Celui-ci, également venu du nord, mêle, au pied des pnom Thngon-Prit, ses eaux à celles du fleuve qui reprend là sa direction vers le S.-O. et va longer les charmants coteaux de Phlong, dont la base, plongeant dans son lit, porte les cases de Sré-Umbell.

Par sa position géographique, la province de Kompong-Som a particulièrement été exposée à souffrir des incursions siamoises, et Sré-Umbell (salines), son chef-lieu, n'a pas été épargné par les envahisseurs. Si aujourd'hui ce petit port est sans importance, il n'en est pas moins vrai qu'il a eu des jours prospères et que plus d'activité a régné sur le fleuve. L'invasion de l'an Messanh (année du serpent qui correspond à 1833) lui fut surtout fatale. Détruit au point qu'il ne reste pas un cocotier debout, il vit tous ses habitants partir en captivité et les belles salines, auxquelles il devait son nom, définitivement abandonnées.

La population des campagnes qui, déjà était fort restreinte, avait du même coup été absolument enlevée.

Sré-Umbell se repeupla surtout de Chinois ou de métis et de Siamois. Le village est maintenant formé d'une cinquantaine de cases, dont deux seulement sont habitées par des Annamites.

Quant au reste du pays, ceux des habitants qui avaient pu échapper à l'exil par la fuite, revenus à leurs hameaux dévastés, leur donnèrent un semblant de vie. A de longs intervalles, quelques captifs réussirent aussi à s'enfuir des mains des Siamois, et on compte actuellement, dans les alentours de Sré-Umbell, 70 hommes qui, évadés d'un endroit nommé Rapti, où ils étaient internés, sont depuis une dizaine d'années revenus aux pays de leurs pères.

Les Annamites ne paraissent pas avoir, pendant leur occupation, tiré un grand parti de ce poste. Ils l'avaient relié à Kompong-Srela par un service de barques régulier. Si le succès les avait favorisés, ils n'auraient sans doute pas tardé à le rattacher, par une route terrestre, à Chantaboun, port siamois plus à l'ouest, où une colonie des leurs était établie. C'est sans doute le tracé de cette voie future qu'ils suivirent lorsque, pour échapper à l'armée d'invasion, ceux qui composaient les garnisons de Kompong-Srela et de Kampott se frayèrent successivement un chemin dans cette direction pour gagner Cah-Thma-Sâ (île, pierre blanche), près de Chantaboun.

Aux maisons du bord de l'eau sont amarrées une demi-douzaine de petites jonques de mer servant aux transactions commerçiales avec les ports de Kampott, Chantaboun et Bangkok, où elles vont chercher des cotonnades, des indiennes, de l'arec sec, de la chaux, des feuilles de bétel séchées, etc., et y porter en échange les rares produits qui, des campagnes désertes, arrivent à Sré-Umbell.

Ces marchandises ne sont pas très-variées : du riz, un peu de cannelle et de laque noire qu'on pourrait recueillir en quantités considérables; une quarantaine de piculs de gomme-gutte qui, expédiés à Kampott, y sont vendus avec le stock de cette localité; deux ou trois mille paquets de 10 torches; des nattes assez grossières, jouissant d'une certaine réputation dans le pays, où on s'en sert beaucoup pour l'emmagasinage du riz et pour servir de cloisons aux appartements; des paillotes connues sur toute la côte sous le nom de paillotes de Kompong-Som; une assez grande quantité d'écorce de smé *(Bruguiera gymnorhiza)*, qui s'emploie pour la teinture brune et aussi pour la noire; en passant à l'indigo les étoffes teintes en brun. Les bois de valeur ne sont pas rares le long des cours d'eau et dans les montagnes, mais ils sont peu exploités parce que, disent les indigènes, il ne leur en est point demandé par le commerce. Le kranhun (trac) (Dalbergia) vaut à Sré-Umbell une demi-piastre le picul.

Le principal des hameaux dispersés en arrière des collines de Phlong se nomme Trepang. Situé à 1,800 mètres de Sré-Umbell; il est la résidence du gouverneur actuel de la province de Kompong-Som. Les habitants cultivent en rizières une magnifique plaine qui s'étend à l'ouest et dans laquelle paissent des troupeaux de bœufs, les premiers qu'on rencontre depuis Kampott. Le sol est, à Trepang, à quelques pieds au-dessus du niveau des grandes marées; il est néanmoins noyé aux grosses crues du fleuve dans la saison pluvieuse. Lorsqu'à la fin de la mousson de N.-E. l'eau des puits, creusés tout près du prec, est devenue saumâtre, c'est à Trepang que les riverains vont en chercher.

Sur le versant des collines de Phlong qui regarde le fleuve, quelques cultivateurs chinois ont installé des plantations de bétel; la quantité qu'ils récoltent ne suffit pas à la consommation du pays, et les gens pauvres mâchent des feuilles séchées de cette plante que les barques apportent de Siam. L'espace défriché est restreint et ne s'élève pas à plus de 7 ou 8 mètres au-dessus du niveau de la plaine; le reste du terrain, dans ces petites montagnes qui n'ont guère plus de 75 mètres de hauteur, est inculte. Aussi bien que tous les groupes disséminés un peu partout à l'horizon, elles sont envahies par une végétation puissante, fort gênante quand on les parcourt. Le plus souvent recouvert d'une forte couche d'humus et de terre végétale, leur sol est quelquefois sablonneux; par endroits, la limonite se montre dans les rigoles creusées par l'eau des pluies. On trouve, dans l'herbe et au pied des arbres, une quantité de coquilles appartenant aux genres *Hélix, Bulimus, Streptaxis, Pupacle,* mais toutes ont été signalées précédemment.

Au sommet de celui des coteaux de Phlong qui domine Sré-Umbell, les indigènes montrent à la curiosité du voyageur les traces d'une construction qu'ils croient avoir été une pagode siamoise. Une enceinte rectangulaire, formée d'un mur haut encore de 0 mèt. 60 cent. à 0 mèt. 80 cent., composé de gros blocs de limonite disjoints par le temps et la végétation, quelques morceaux de béton qui peuvent être des débris de statues, voilà tout ce qui reste. L'entrée principale est sur la face Est qui, ainsi que celle de l'Ouest, a 25 mètres de développement; les côtés Nord et Sud ont seulement 15 mètres. Chaque année, les Cambodgiens y viennent en fête.

Les femmes, à Sré-Umbell, portent le langouti et sont vêtues d'une sorte de tunique à basques courtes, demi collante, boutonnant jusqu'au col. Les bonzes sont habillés en brun très-foncé. La monnaie siamoise, appelée tical, y est en usage, à l'exclusion de la piastre; on s'y sert aussi des ligatures de Cochinchine, mais elles ne contiennent que 300 sapèques au lieu de 600. La ferme d'opium débite 20 boules par an.

Jusqu'ici, le fleuve a gardé une largeur moyenne qui n'a pas dépassé 150 mètres; il va, en approchant de la mer, prendre rapidement des proportions plus fortes, et on n'est pas en route depuis dix minutes que déjà les rives sont à 400 mètres l'une de l'autre.

Pour reconnaître les confluents des rivières qui se succèdent jusqu'à son embouchure et que le guide a peine à distinguer de l'entrée d'une foule de bras qui, s'enfonçant dans l'intérieur, y forment des petites îles, il est nécessaire de suivre la rive de très-près. Ainsi, après avoir dépassé, sur la droite l'arroyo Bon-Lech, sorti du fleuve pour y rentrer 500 mètres plus loin, on trouve l'embouchure du prec Kompong-Cruos (rivage, gravier) venu d'un étang nommé Chhu-Cah, qui serait à six heures de Sré-Umbell. Cette rivière est séparée du prec Pracam par un autre arroyo semblable au Bon-Lech.

Le prec Pracam a 30 mètres de large, il coule le long d'un monticule peu élevé, couvert de grands arbres, qui a à ses pieds le joli hameau du même nom.

C'est alors que commencent les grandes îles qui, se suivant de près, occupent le milieu du prec Kompong-Som, le partageant pour ainsi dire en deux parties.

Les rives s'abaissent de plus en plus, et lorsque la marée est haute, ce n'est que grâce aux broussailles qui les bordent qu'on peut voir les precs Pum-Prang et Bung-Prang; la première de ces rivières viendrait des environs d'un village du même nom; la seconde, dont les rives sont inhabitées, sort d'un marais.

A la hauteur de ce dernier cours d'eau, le fleuve a un kilomètre de largeur et atteint très-rapidement le double; mais quand il a dépassé les prec Chnéam, Chec-Prac (partage de l'argent) et Jéam-Cranh qui débouchent à peu de distance les uns des autres et sur lesquels les renseignements manquent, il va en se rétrécissant et n'a plus que 800 mètres à son embouchure.

Si le voyageur descend le prec en longeant la rive gauche, il remarquera les cinq petits arroyos, ci-après :

Le prec Trepang, qui a sa source auprès du hameau du même nom dont il a été parlé plus haut et qu'il traverse;

Le prec Tréak venu d'un groupe de monticules assez éloigné et passant auprès du village de Tréak;

Le prec Kompong-Sdam (rivage de droite) qui a sur sa rive droite le village de Kompong-Sdam;

Et enfin, les precs Relach (débordé) et Dam-Kedon (nom d'arbre), sortis tous deux de tertres qu'on aperçoit à 2 ou 3 kilomètres dans les terres.

Aux collines de Phlong succèdent, sur cette même rive, celles de Sla-Me-Néang (arec, femme du roi), de Chhu-Téal (bois de Téal) et plusieurs autres qui se perdent dans le lointain; toutes paraissent très-boisées; elles n'ont pas une hauteur supérieure à 50 ou 60 mètres.

Pour embrasser d'un coup d'œil le singulier estuaire que le

prec Kompong-Som emplit lentement de vase et de sable, il faut dépasser les palétuviers qui avancent sur le fond bas de la mer, montrant au-dessus de l'eau une avant-garde de tiges pointues. La grande île de Cah-Ron (île gomme-guttiers) semble placée à l'entrée du golfe pour empêcher le limon d'en sortir. Sur ses côtés, les passes, diminuées par l'éloignement, semblent petites. A droite, à gauche, sur tout le rivage en un mot, la même végétation envahissante. A moins d'un kilomètre dans l'ouest, on peut reconnaître l'embouchure du prec Chamboc, qui coule à la fin de son cours presque parallèlement au prec Kompong-Som. Les barques le remontent jusqu'au village du même nom, qu'elles peuvent atteindre en quelques heures. — Les indigènes disent qu'il n'y a pas d'autre cours d'eau important descendant au golfe; la configuration du terrain qui, derrière les palétuviers, montre des petites hauteurs longeant presque la côte des deux côtés de l'immense estuaire, peut faire supposer qu'ils ne se trompent pas.

De même que dans le prec Thom de Veal-Reen, les mollusques sont peu variés dans le fleuve de Kompong-Som; les espèces qu'on y peut recueillir sont de celles qui ont été indiquées comme habitant la rivière de Kampott. Sur les terrains bas des rives, l'*Auricula midae* est particulièrement commune. L'estuaire, pas plus que la côte, n'a jamais été étudié sous ce rapport; on n'en connaît que les coquilles servant à l'alimentation ou rapportées par les pêcheurs à cause de leur beauté; parmi les premières, le solen connu des Cambodgiens sous le nom de kchang pir, dont il a été parlé précédemment à propos de la baie de Kampott, et une variété du genre arca y sont aux basses mers ramassés à pleins paniers.

Il est possible à celui qui, de Sré-Umbell, veut se rendre à Oudon, de profiter de son voyage pour visiter le prec Tap-Chéang, qui semble et est probablement le plus considérable des affluents du prec Kompong-Som; après avoir gagné les sources de ce premier prec et traversé les montagnes qui leur donnent naissance, il se trouvera dans le bassin du prec Thnot et n'aura plus, en allant de village en village, qu'à se diriger presqu'en droite ligne sur son but.

Il ne faut pas moins de dix ou douze jours pour accomplir

ce trajet, et ce n'est pas commodément qu'il s'effectue, même dans la belle saison.

Le prec Tap-Chéang descend presque directement du nord; son confluent, qu'on a laissé à droite, se trouve à 3 kilomètres avant d'arriver à Sré-Umbell, à l'endroit où, devant les pnom Thngon-Prit, le fleuve de Kompong-Som quitte la direction N.-O. pour revenir au S.-O.

Il prend le nom du premier hameau qu'il a sur ses rives et le perd à Kompong-Roun, point au-delà duquel se joignent tous les torrents qui, pour le former, viennent de montagnes dont les plus hautes ont de 4 à 500 mètres.

Son bassin, assez étroit, est limité par des petites chaînes qui, sur chaque rive, se suivent à de courts intervalles. Ses affluents, peu nombreux, ont un cours très-réduit et sont sans importance.

Il a, jusqu'à Kompong-Roun, une largeur uniforme qui ne dépasse pas 30 mètres et est rarement au-dessous de 20 ; son cours jusqu'à ce point peut se diviser en trois parties; l'aspect qu'il a dans la saison sèche permet du moins cette division.

Dans la première partie comprise entre le confluent et Tap-Chéang, il coule dans l'alluvion, est accesible aux barques de moyenne grandeur et subit l'influence des marées au-dessus desquelles ses rives sont élevées de 1 à 2 mètres.

La deuxième partie va jusqu'à Kompong-Tachés; les berges arrivent rapidement à y avoir 5 mètres de hauteur et la marée s'y fait très-légèrement sentir. Le lit de la rivière, obstrué par de longs bancs de sable, est encombré de blocs de rochers et d'arbres morts rendant la navigation difficile, sinon périlleuse, pour d'autres embarcations que des pirogues légères et bien conduites.

La troisième, de Kompong-Tachés à Kompong-Roun, n'est plus qu'une succession de petits rapides souvent séparés par des nappes profondes, encaissées entre deux berges à pic, hautes de 7 à 8 mètres, que d'énormes arbres arrachés des rives, jetés en travers par les eaux dans la mousson pluvieuse, réunissent quelquefois, faisant l'office de grandes passerelles.

Quoique le sol soit généralement d'une incomparable richesse, la vallée du prec est quasi déserte; quelques hameaux, pour ainsi dire sans habitants, jalonnent les rives à de longues distances.

Pendant la sécheresse, dans les parties où elle coule sur un fond de sable régulier, la rivière conserve à peine 2 pieds d'eau, lorsque au contraire les pluies la gonflent, elle prend des proportions invraisemblables ; plus d'une fois chaque année, à l'étroit dans son lit, elle jette et maintient sur le pays plus d'un mètre d'eau, cela souvent pendant trois à quatre jours. Ces inondations peuvent être désastreuses pour les cultivateurs, suivant l'époque à laquelle elles ont lieu, et sont certainement une des causes pour lesquelles le pays est si peu habité.

Par ce que sont les crues du prec Tap-Chéang, on peut se faire une idée de ce que doit être le prec Kompong-Som quand, gonflé lui-même outre mesure, il reçoit tout ce que ses affluents lui envoient.

Les premiers kilomètres dans le Tap-Chéang sont un peu comme dans tous les arroyos bas de rives où la marée remonte ; mais à mesure qu'on avance, ses bords prennent un aspect plus imposant ; les grands teals *(Dipterocarpus)*, le coki *(Hopea)*, d'énormes bambous, etc., remplacent les palétuviers, le smach (tram), les palmiers d'eau, les broussailles, etc.

En entrant dans le prec, on contourne tout d'abord les pnom Thngon-Prit ; leur base est à peine à 30 pas sur la rive droite ; hautes de 70 à 80 mètres, couvertes d'une végétation exubérante, elles sont entourées de terrains marécageux. Sitôt qu'elles sont dépassées, le petit groupe de pnom Ta-Duon semontre en avant ; également boisées, celles-ci sont bien plus basses et ne semblent longues que de 250 à 300 mètres.

Le pays environnant est inculte, inhabité jusqu'aux pieds des jolies montagnes de Swai-Bac (manguier cassé), que les sinuosités de la rivière montrent tour à tour de profil et de face. Ces collines longent de près la rive gauche, dépassent d'abord un petit hameau qui porte leur nom, puis celui de Tap-Chéang situé sur la rive opposée; elles ont peut-être 100 à 150 mètres de hauteur ; leur pente est roide mais régulière, les arbres y poussent pressés, laissant à peine voir le sol.

Tap-Chéang est un hameau de quelques cases, dans une plaine à demi-cultivée en rizières. Les maisons, pour la plupart, sont abandonnées après la récolte du riz ; on revient les occuper à l'époque du repiquage. Il en est de même de celles de Swai-Bac; les gens qui les habitent sont presque tous des Cambodgiens serviteurs de Chinois de Sré-Umbell.

A Tap-Chéang, faute de feuilles de bétel, les indigènes mâchent celles d'un arbuste qu'ils nomment selat (?); ils les font préalablement sécher en les exposant au soleil, entre deux couches de balle de paddy.

Tap-Chéang est à quatre heures de l'entrée du prec; Kompong-Tachés est à deux heures et demie plus loin. Jusqu'à cet endroit, les monts Swai-Bac sont en vue; le cours capricieux de la rivière semble y ramener alors qu'ils sont dépassés. Ce que, dans le court trajet qui sépare les deux hameaux, le lit de cette dernière contient d'arbres morts est incroyable; on ne fait pas 100 mètres sans en rencontrer arêtés par des quartiers de roc ou à moitié enterrés dans le sable; l'eau est claire, peu profonde; presque partout le fond de sable est visible. Les berges à pic ou affaissées sont garnies de teal, de koki qu'on n'exploite pas et dont les branches forment parfois de superbes voûtes au-dessus du courant.

Kompong-Tachés n'est pas un village, c'est l'endroit où font ordinairement halte ceux qui remontent la rivière; placé devant le confluent du *au* Cong-Chha, ruisseau venu des montagnes de ce nom qui se voient dans le lointain, il est éloigné de 1 kilomètre du village de Cong-Chha, le plus important des lieux habités qu'on rencontre avant Kompong-Roun.

Les Cambodgiens, ici, ont peu de relations avec Sré-Umbell; ils cultivent le nécessaire pour leur nourriture et font quelques torches qu'ils échangent, ainsi que ce qu'ils ont des produits des forêts, contre les marchandises que des colporteurs chinois viennent leur offrir de temps en temps; le plus grand nombre n'a jamais vu de sapèques; l'un à qui on demande le prix de sa pirogue, répond : « 3 buffles. »

De Kompong-Tachés au hameau de Pnom-Ksach (mont de sable) il y a deux heures de chemin. La rivière, gardant sa largeur, prend bientôt l'aspect d'un torrent. L'eau court tantôt sur un fond de roches qui forme par places des barrages, des petits rapides, tantôt sur du sable fin; la limpidité du courant laisse voir des coquilles de peu d'espèces, mais très-nombreuses, appartenant aux genres *Paludina, Unio, Anodonta, Cyrena* et *Iridina.*

Quand il s'agit de franchir des rapides, les rameurs se mettent à l'eau et, poussant la pirogue, la font passer à l'endroit le plus commode. La hauteur de ces obstacles varie entre 30 et 50 centimètres. La couche d'eau qui les couvre n'a guère qu'un pied d'épaisseur. Les berges s'élèvent de plus en plus, atteignent 7 mètres en moyenne, quelquefois prêtes à s'écrouler, elles surplombent le lit du torrent qui les ronge. La végétation est partout aussi vigoureuse : le coki (sao ; *Hopea)* domine, mais, autant que de la rivière on peut s'en rendre compte, il n'atteint pas de grosses dimensions.

Le courant a çà et là accumulé des bancs de sable qu'à la sécheresse les eaux laissent à découvert. Une tortue d'eau que les Cambodgiens appellent Tasay et qui serait, dit-on, plus abondante dans le prec Tap-Chéang que partout ailleurs, choisit ces amas de sable, exposés tout le jour à l'ardeur du soleil, pour y déposer ses œufs.

Ces tortues doivent arriver à une assez grosse taille, car leurs œufs, mets délicat fort recherché au Cambodge, n'ont pas moins de 10 à 12 centimètres de longueur.

Tous ceux qu'elles pondent dans le Tap-Chéang deviennent par ce fait la propriété de la reine-mère; elle a, pour surveiller la rivière et les recueillir, un personnel ainsi composé : un mandarin habitant Oudon fait chaque année le voyage pour diriger la récolte et assurer le transport du précieux produit; sous ses ordres sont : un petit employé appelé vongsa-sanghréam et trois hommes. Ces quatre derniers habitent le hameau de Cong-Chha, en face de Kompong-Tachés. Voici en quoi consiste leur service :

Lorsque la saison de la ponte est arrivée, ils font, le jour et la nuit, des rondes fréquentes de Cong-Chha à Pnom-Ksach, quartier habité par les tortues. Ils marquent les bancs de sable sur lesquels ils reconnaissent des traces de tasay en y plantant un bâton ayant à son extrémité un faisceau de petites lames de bambou. Ils empêchent les gens du pays de s'emparer des œufs et veillent à ce que ceux-ci ne deviennent la proie ni des caïmans, ni des sangliers, qui en sont friands.

Il est, bien entendu, interdit de pêcher ces tortues; on raconte dans les cases que celui qui se rendrait coupable de la capture de l'une d'elle aurait, pour racheter sa faute, à payer une quantité de pièces d'argent suffisante pour remplir la carapace de l'animal pris. Ceux qui disent cela n'ont jamais vu de pièce d'argent, jamais non plus ils n'ont ouï dire que quelqu'un se fût mis dans l'obligation d'avoir à fournir une pareille somme.

Lorsqu'approche le mois de février, le mandarin arrive d'Oudon; son subordonné et les trois aides convoquent les habitants du voisinage pour faire la récolte. Chaque homme, armé d'une baguette de 0 mèt. 50 cent. à 0 mèt. 60 cent., sonde le sable, et s'il reconnaît qu'il contient des œufs, le fouille de ses mains. Chacun des tas découverts est d'une trentaine d'œufs. Les bancs sont nombreux dans la rivière et le même recèle ordinairement cinq à six tas; néanmoins, on apporte rarement plus de sept à huit cents œufs à la mère du roi, qui en offre à son fils, aux princesses, etc.

Péam-Treng est un hameau de 3 ou 4 cases sur la rive gauche, un peu avant Ksach; il a le nom d'un ruisseau qui s'écoule dans le prec.

Ksach, un peu plus loin sur le bord droit, n'est pas plus important; les habitants paient l'impôt en gomme-gutte qu'ils recueillent dans la forêt, ils sont pauvres et fument le tabac vert à mesure qu'il mûrit.

Dans un petit ruisseau des environs vivent des coquilles d'une magnifique variété du genre *Melania,* qui n'a pas encore été signalée au Cambodge.

C'est en quittant Ksach que l'on trouve la plus belle de ces profondes nappes d'eau communes dans le prec, que les Cambodgiens appelent Anlong (gouffre); sans varier de largeur, admirablement ombragée, elle se continue très-droite pendant plus de 1 kilomètre.

De Pnom-Ksach, on ne met pas moins de quatre heures pour atteindre Kompong-Roun; les obstacles dans cette dernière partie du trajet se multiplient, les rapides se succèdent, le plus souvent formés par des roches plates sorties presque toujours de la rive droite et s'arrêtant quelquefois au milieu du prec. Dans plus d'un endroit aussi, le barrage est formé par un amoncellement de sable sur un tronc d'arbre arraché à la rive.

Quatre torrents apportent sur la rive droite leurs eaux au Tap-Chéang entre ces deux points, ce sont les *au* Dei-sa (terre blanche), Repou (citrouille), Tessak (concombre) et Khesior. Quelques maisons, dispersées sur la rive gauche jusqu'au même point, appartiennent au sroc Romlot.

Kompong-Roun (rivage du jonc) est le point extrême que les pirogues peuvent atteindre ; c'est là que la rivière perd son nom. C'est sous celui de Stung-Kompong-Roun qu'elle est désormais connue et qu'on la retrouvera plus loin. Le lit commence à se rétrécir ; l'eau coule sur un gros gravier qu'elle entasse derrière des roches.

Sur la rive, il n'y a qu'une case ; un Chinois l'habite. Il échange de la cotonnade, de la vaisselle, de l'arec, etc., contre les produits des forêts que viennent lui offrir les Cambodgiens ; il fait ainsi de gros bénéfices. Entre autres choses, on remarque dans son magasin une sorte colophane qu'il prétend lui revenir à 40 ligatures le picul, et qui, à Pnom-Penh, vaut cinq ou six fois plus. Les indigènes la nomment comnian ; elle est employée dans leur pharmacie, entre dans la composition de bougies du pays et sert surtout pour frotter les cordes des instruments de musique. On ne la trouve guère sur les marchés qu'en quantité minime.

Deux heures de marche au nord-ouest, en éléphant ou à pied, dans une forêt que traverse le *au* Kna-Chhai, torrent allant au Stung-Kompong-Roun, conduisent aux villages de Tadac-Pong (œuf de marabout) et de Po-Bang situés à 2 kilomètres l'un de l'autre, au milieu d'une plaine cultivée en rizières. De la pagode de Po-Bang, on aperçoit en partie les montagnes qui enceignent le nord du bassin du Tap-Chéang. En commençant par l'est, elles se nomment Pnom-Phtioc, gros sommets dans le lointain, Pnom-Sna (arbalète), longue chaîne à l'est qui paraît se rattacher au Phtioc par une suite de petites montagnes beaucoup plus rapprochées, souvent isolées les unes des autres et se nommant Chomngo, Prom-Phnga, Chour-Peey, Tacout, Probiet. En avant de Phtioc, un petit sommet détaché doit à sa forme le nom de Kra (chenille du riz).

La route suivie d'habitude par les gens allant vers Pnom-Penh et Oudon passe entre Pnom-Chomngo et Pnom-Prom-Phnga. Le sentier qui s'engage dans les montagnes de l'est dont il va être question est rarement fréquenté.

On se dirige d'abord sur Pnom-Tacout, qu'il faut traverser pour atteindre le village d'Aron, dont les rizières s'étendent jusqu'au pied de Pnom-Probiet. Tacout est une colline rocheuse, sa végétation maigre prend un peu de vigueur dans les endroits où l'humus s'est accumulé ; le stung Senoc, gros torrent allant au stung Kompong-Roun et qui viendrait de Pnom-Dach-Pedao, à une journée dans le nord, coule entre elle et les champs d'Aron.

Aron dépend du sroc de Po-Bung, dont dépend aussi Tadac-Pông ; ces hameaux ayant ensemble 25 à 30 cases, comprennent à eux trois toute la population de la vallée supérieure du Tap-Chéang.

Les habitants du canton avaient fort à souffrir de la petite vérole au commencement de janvier 1881 : en dix jours, 28 personnes avaient été enlevées ; mais le courage commençait à leur revenir, ils attendaient les meilleurs résultats d'une prescription du médecin d'Aron ordonnant de s'abstenir de canard dans le pays pendant une semaine.

En quittant Aron, c'est pendant deux jours que, sans sortir de la province de Kompong-Som, sans voir une case, on va parcourir les montagnes.

Le trajet commence par les collines de Probiet qui, aussi peu élevées que celles de Tacout, dont elles ont l'aspect, sont séparées de la grosse chaîne par les torrents *au* Tapou et *au* Pram-Chhuc (5 nénuphars) allant au stung Sénoc.

Le massif de Sna qu'on a ensuite devant soi est divisé en deux parties par le *au* Roun-Swai (jonc et manguier), torrent venu du nord de la chaîne et principale source du prec Tap-Chéang.

La première partie, dans laquelle se trouve le sommet de Chrmo-Sna (nez de l'arbalète), le plus élevé de la chaîne (500 mètres environ), est brusquement terminée au sud par celui de Chrmo-Snop. Ce mont, haut peut-être de 250 mètres, est arrêté à pic au-dessus des ravins où roule le Roun-Swai qui, le contournant, se dirige à l'ouest pour atteindre Kompong-Roun.

La seconde partie, connue sous le nom de son plus gros sommet : Vorvong-Saurivong, envoie, peu après qu'on a passé le Roun-Swai, un rameau dont la première montagne se nomme Pnom-Combo, limiter le bassin du torrent au sud-ouest.

Au-delà du mont Vorvong-Saurivong, un autre rameau dont le point culminant s'appelle Compalea, se détache légèrement vers le sud pour aller ensuite droit à l'est, et, d'après les indigènes, serait réuni aux montagnes de Kamchay (chaîne de l'Éléphant).

Aux environs de Pnom-Combo, les torrents cessent d'envoyer leurs eaux grossir le Roun-Swai; ils les joignent à celles du *au* Lomnga-Soui, sorti de Pnom-Compalea, et forment le Stung-Chom-Léan-Téou qui plus loin, prenant le nom d'Anlong-Arac (gouffre du diable), va se joindre au prec Thnot dont il est le plus fort affluent.

Le sentier qui court sur les plateaux de la chaîne n'est point fatigant à suivre: les pentes qu'il gravit sont régulières et peu sensibles. Il passe successivement sur les revers des pnom Can-Chompa-Tauch, Can-Chompa-Thom, Sombâc-Loveng (écorce de cannellier) et Chremos-Snâp. Ces montagnes, comme du reste la plupart de celles qu'on va rencontrer, sont formées d'un conglomérat, sorte de mélange durci de sable et de gravier, dont de gros blocs sont jetés çà et là sur le sol. Le terrain est généralement recouvert d'une légère couche de terre végétale; mais, par endroits, l'eau des pluies a mis la pierre à nu, non solidifiée, s'effritant sous la main. La végétation est peu développée, les arbres sont chétifs et appartiennent à des espèces sans valeur. Cependant, sur les flancs de Sombâc-Loveng, les cannelliers *(Laurus sp.)* seraient communs mais inexploités.

Le *au* Roun-Swai est un gros torrent coulant entre Chremo-Snop et Tuol-Trepang-Prey (tertre de l'étang des bois). Avec le stung Sénoc qu'il joint près de Kompong-Roun, il formera le prec Tap-Chéang. Il reçoit, au pied de Chremo-Snop, le *au* Som-Bâc-Loveng qu'on vient de passer et le *au* Thma-Roung qui se trouve sur sa rive gauche.

Son eau claire ne tarit jamais, disent les indigènes; à l'endroit où le chemin le traverse, il a une chute de 2 mèt. 50 cent. Sortie d'une déchirure du rocher, l'eau tombe dans un étroit bassin, d'où elle s'échappe par de véritables canaux creusés dans le conglomérat et sur lesquels, aux pluies, elle a roulé des quartiers de roc pouvant servir de pont. Sur ses bords croît en abondance un arbrisseau que les Cambodgiens appellent bois de feu (chlu phloeung), parce que sa sève produirait sur la peau l'effet d'une brûlure. M. Garcerie a vu, dans le nord du Cambodge, les sauvages se servir de l'écorce de cette plante pour prendre le poisson. L'eau dans laquelle on la jette jaunit rapidement et on s'empare sans peine du poisson, qui ne tarde pas à venir se débattre à la surface.

De là à Vorvong, ce n'est plus qu'une ascension continue; le chemin longe le petit étang qui donne son nom à la première hauteur que l'on franchit, traverse Pnom-Thma-Rung (pierre percée), puis le torrent du même nom laisse Pnom-Combo (mont de la chaux) à droite et atteint Vorvong trois heures après avoir quitté le Roun-Swai.

Dans ce trajet, la nature du sol n'a pas changé : pas un mollusque ne paraît vivre sur ce terrain pierreux, quelques coquilles terrestres, roulées par le *au* Thma-Roung, peuvent faire supposer que celui des monts d'où vient ce torrent est différent. Aussi bien, Pnom-Combot, qu'on voit de près, offre un contraste absolu : la végétation y a un développement inouï. Cette montagne recèle-t-elle du calcaire, comme son nom le fait croire et comme le dit le guide ?

Si le sol sur lequel on marche est resté aussi pauvre, en revanche sa végétation s'est profondément modifiée; un peu au-delà de l'étang de Trepang-Prey, des pins, d'abord clairsemés, se substituent aux autres arbres et sont, bien avant d'arriver à Vorvong, les seuls qu'on remarque. L'espace qu'ils occupent sur la chaîne semble assez restreint, car, sur les hauteurs, à droite et à gauche des monts que le chemin parcourt, il n'y en a pas de visibles, et passé Vorvong, on n'en rencontre plus.

Ces pins, sans doute les mêmes que ceux de Kompong-Swai *(Pinus longifolia)*, ne sont pas exploités; on n'en recueille pas non plus la résine qui, à Pnom-Penh, vaut 8 piastres le picul. Leur diamètre moyen à la base est de 25 à 30 centimètres; quelques-uns atteignent 60 centimètres; la hauteur varie de 15 à 25 mètres.

Pnom-Vorvong-Saurivong est connue de nom dans tout le Cambodge, voir même au-delà. « A son sommet, dit un manuscrit très-répandu, des rochers forment un rempart circulaire naturel, qui fut autrefois une forteresse redoutable. D'après la légende, un usurpateur nommé Vei-Vongsa y eut sa résidence; les princes Vorvong et Saurivong, fils du roi légitime, l'ayant vaincu et mis à mort, donnèrent leur nom à la montagne. »

Des roches presque alignées se soulèvent en effet sous les pins, mais elles sont basses, espacées, et ne forment pas d'enceinte.

Le guide montre le lieu où la belle Montea, mère de Veivongsa, fut conduite pour mourir, et, en racontant la légende, fait faire le tour du rocher sous lequel fut placée la tête du vaincu, et, plus loin, de l'énorme bloc qui recouvre son corps.

La chronique cambodgienne, rapportée par M. Francis Garnier *(Voyage d'exploration en Indo-Chine)*, dit ceci : « Dès le début de « cette période (1437), eut lieu l'abandon définitif d'Angcor, et la « capitale du Cambodge fut tantôt Basan, tantôt Pnom-Penh. « En 1516, monta enfin sur le trône un roi énergique et habile, « Prea-Ang-Chan, qui releva un moment sa patrie affaiblie. A son « avènement, une partie du royaume était gouvernée par un « mandarin rebelle qui régnait à Basan; il le vainquit, pacifia « le Cambodge et transporta sa résidence de Pothisat ou Pursat « à Lovec (1528) ».

La position que, sur la *Carte pour servir à l'intelligence de l'histoire du Cambodge, depuis 1346 jusqu'à nos jours* (pl. V, 1er vol.), cet auteur suppose à Basan, est à peu près celle de Vorvong-Saurivong.

Vorvong-Saurivong n'a pas moins de 300 mètres de hauteur; si l'ascension a été facile, on n'en peut dire autant de la descente sur la pente abrupte du versant opposé. Les arbres, les broussailles et les lianes croissent serrés dans l'épaisse couche d'humus recouvrant le sol qui, complètement modifié, est jonché de coquilles, parmi lesquelles deux variétés d'*Hélix*, dont une sénestre, n'ont pas jusqu'à présent été signalées au Cambodge. Le *Bulimus schamburgkei* et l'*Hélix distincta* sont surtout fréquents.

Les roches qui émergent dans l'herbe, les pierres qu'on roule à chaque pas, ne sont plus toujours de ce conglomérat dont il a été parlé, souvent elles ont l'apparence d'un moëllon friable.

Une foule de ruisseaux coulent du nord au sud dans les ravins, pour aller sans doute, au pied des pnom Compalea qui s'allongent à droite, former le Lomnga-Soui, torrent qu'on ne tarde pas à traverser.

Un peu après avoir laissé à gauche ce cours d'eau, dont il sera reparlé, un gros tas de cailloux barre le chemin. Le guide, en l'apercevant, ramasse une pierre et l'y ajoute. « C'est, dit-il, le Néac-tha (génie) de la route des montagnes ; on le nomme Thma-Crobei (pierre buffle). Chaque passant le grossit ainsi en reconnaissance de l'heureux accomplissement de son voyage. »

Le premier hameau rencontré est celui de Lovéa, mais c'est à Trepang-Creng (étang des creng, nom d'une coquille), à sept heures de Vorvong, que se font habituellement les haltes.

Le reste de la route, jusqu'à Oudon, s'accomplit presque parallèlement à la voie de Pnom-Penh à Kampot, dans un pays de l'uniformité la plus complète, divisé en deux parties par le prec Thnot, qu'on se souvient d'avoir, en quittant Pnom-Penh, traversé à Kompong-Toul.

La distance est de 30 kilomètres et il y a six villages de Trepang-Creng au prec Thnot; entourés de rizières et de quelques champs de tabac, ces villages sont séparés les uns des autres par de vastes forêts-clairières dont les meilleurs bois semblent être le phchôc *(Shorea?)*, le sakrom *(Xylia)*, le phdiec *(Anisoptera?)* et quelques khnongs *(Pterocarpus)*.

Leurs noms sont: Bunteay-Roca (forteresse du ouatier); Kremom-Ban (vœu des jeunes filles), Crang-Rovai, Crang-Pra, Stung (rivière), Crang-Sumna.

La population est peu nombreuse; elle est obligée de prendre des précautions pour garantir les petits de ses troupeaux de la dent des tigres et des panthères qui, la nuit, viennent rôder autour des endroits habités.

Trepang-Creng est situé au pied des dernières montagnes; le *au* Lomnga-Soui a jusqu'à ce village un cours parallèle à la chaîne; il a pris, avant d'y arriver, le nom de Stung-Chomléan-Téou et a reçu sur sa rive droite de nombreux torrents dont les plus forts sont: le *au* Lovea et le *au* Sangkoi.

Avant Trepang-Creng, il s'est divisé en trois branches qui se réunissent un peu au-delà et lui font quelquefois donner le nom de Stung-Bey (3 rivières). En quittant ce village, on laisse la rivière sur la droite pour ne la retrouver qu'à Stung; dans ce trajet, le Chomléan-Téou qui, jusqu'à Trepang-Creng, coulait sur un lit de roches sans berges, s'en est ouvert un de 4 à 5 mètres de profondeur, navigable dans la saison pluvieuse, et il a reçu sur sa gauche le *au* Crang-Rovai, venu du nord-ouest. Au hameau de Stung, sa largeur est de 20 à 30 mètres.

Le prec Thnot passe à Crang-Sumna, allant de l'ouest à l'est; c'est à deux ou trois kilomètres au-dessous de ce village que, sous le nom de Anlong-Arac se trouve le confluent du Chomléan-Téou, qui a pris cette nouvelle désignation une heure au-delà de Stung, après s'être, sur sa rive droite, confondu avec le Stung-Van, rivière importante dont les eaux sont peut-être celles du versant ouest des montagnes de Bắc-Nim (jong cassé), qu'on se rappelle avoir longées en allant de Pnom-Penh à Kampott.

Le stung Van et le Anlong-Arac séparent la province de Kompong-Som de celle de Pnom-Sruoch; le prec Thnott la sépare de celle de Samrong-Tong. Dans le trajet de 75 kilomètres qui, du prec Thnot, reste à faire pour atteindre Oudon, on ne rencontre pas de cours d'eau important : tout le pays parcouru, y compris cette dernière ville, qu'on atteint le troisième jour, appartient à la province de Somrong-Tong.

Les principaux hameaux sur le passage sont : Kreché, sur la rive droite du prec Thnott; Bung-Boc, près du *au* Thom (grand) ruisseau allant de Pnom-Pra au prec Thnott-Anlongphé (trou de la loutre) au pied de Pnom-Lovéa.

Le pays est relativement peuplé; de Longphei à Oudon, on ne trouve pas moins de huit à dix hameaux; les seules cultures sont le riz et le tabac. Le sable amené par l'eau des pluies emplit les chemins, le sol semble généralement argileux, les immenses terrains non cultivés sont couverts de forêts souvent maigres contenant en quantité des essences sans prix et surtout un arbre à fruit nommé kontuot prey (?). Le sleng *(Strychnos nux vomica)* y est assez commun; de grandes plaines ne sont pour ainsi dire couvertes que de bambous; le khnong, le phchoc, le phdiec, le sakrom, indiqués comme habitant la rive droite du prec Thnott, se trouvent aussi ici, mais sont rares.

Au début du voyage, près de Kna (route de Pnom-Penh à Kampott), on a laissé à droite les pnom Sruoch en les supposant

prolongés à l'ouest. Maintenant, après avoir quitté Kreché, cette extrémité occidentale apparaît, donnant ainsi à la chaîne un allongement de l'est à l'ouest de 15 à 20 kilomètres. Si, comme les quelques collines isolées que l'on remarque à l'est depuis Stung portent à le croire, les pnom Sruoch sont rattachés au pnom Bac-Nim; les bassins du stung Van, qui vient au prec Thnott, et du stung Sla-Cou, allant à l'arroyo de Chaudoc, se trouveraient tout indiqués.

A l'approche d'Oudon, le terrain sablonneux, recouvert d'une mince couche d'argile, est sillonné par des ruisseaux à sec qui, aux pluies, mènent les eaux de la plaine directement au Tonlé-Sap.

Il y a vingt-cinq ans, les plaies laissées par les guerres qui avaient désolé le Cambodge avant l'avènement du roi Ang-Duong, s'effaçaient; Oudon, qui avait vu les derniers actes de ces luttes, semblait ne plus s'en souvenir. Sa population était estimée à 12,000 habitants, sa principale rue avait plus d'un kilomètre de longueur, le grand marché chinois de Kompong-Luong et l'important village catholique de Pinhalu, en quelque sorte ses faubourgs, étaient en pleine prospérité.

Le roi Ang-Duong l'habitait; il augmenta l'importance de sa capitale en la réunissant à Kompong-Luong et à Pnom-Penh par une magnifique chaussée. On a vu précédemment qu'elle était en communication avec la côte du golfe de Siam par les voies allant à Kampott et à Kompong-Srela; on verra plus loin que d'autres routes la reliaient à Pursat et à Battambang.

Oudon, qui eut pendant plus de 200 ans le titre de capitale du Cambodge, est loin d'avoir l'aspect d'une ville. Quatre monticules surmontés de monuments religieux modernes bornent, au sud, avec les bâtiments formant le palais de la reine-mère, une vaste plaine de rizières que 20 pagodes limitent sur les autres côtés et au centre de laquelle s'élèvent deux grandes enceintes fortifiées.

Tout un village de serviteurs est accolé aux habitations de la reine-mère; un autre, tout composé de métis et de Chinois, gros de 60 à 80 cases, sur lequel s'ouvre la porte, est du plus au nord des deux forts, et le marché où viennent s'approvisionner les habitants des nombreuses maisons dispersées dans les champs.

Œuvre des premiers souverains fixés à Oudon, ce dernier fort, qu'on nomme Bunteay-Chas (vieille citadelle), longtemps occupé par les Annamites, ne fut la résidence ni du roi An-Duong qui fit construire et habita l'autre appelé Véang-Thmey (nouveau palais), ni de ses deux prédécesseurs, Ang-Chan et Ang-Mey qui vécurent à Pnom-Penh : le premier, près de l'emplacement du palais actuel; le second, la reine Ang-Mey, dans l'île de Ka-Noréa.

Ces deux enceintes, aussi primitives de forme que les forts de Kampott et de Kompong-Srela, occupaient une vaste surface. Bunteay-Chas, aujourd'hui ruinée, n'avait pas moins de 800 mètres de côté ; l'autre, de moitié plus petite, est restée en bon état de conservation. Leurs remparts de terre avaient 4 mètres de hauteur et étaient revêtus de palissades de madriers en bois dur, longs de 10 coudées ; la largeur des fossés était de 20 à 30 mètres. Un vaste bassin, sorte de réservoir d'eau, nommé Sra-kéo, couvre toute la face nord du Véang-Thmey. Dans le vieux fort, les moindres terrains sont enclos de haies vives de bambous et d'arbres épineux qu'on croirait plantés pour la défense ; on y montre encore quelques constructions en ruines dont les gens du pays se rappellent l'affectation.

Leur intérieur, presque entièrement cultivé, est habité en partie par des mandarins de la reine-mère. Dans les terrains bas des forts, des fossés et de leurs environs, on repique en janvier du riz tardif que les Cambodgiens appellent srau prang.

Il n'est pas probable que la population d'Oudon atteigne 4,000 habitants ; les bonzes y pullulent ; aux grandes cérémonies, lorsqu'ils se réunissent dans la pagode de la reine-mère, on n'en compte pas moins de 400.

L'admirable chaussée faite par le roi Ang-Duong résiste à l'action du temps ; entre ses deux revêtements de maçonnerie, elle défie encore les inondations. Sur son talus, large de 10 mètres, on voit quelques-unes des bornes de granit qui, tous les 100 sen, indiquaient les distances. Par endroits, sous les broussailles, apparaissent de larges escaliers de pierre, permettant de descendre dans la plaine, souvent basse de 5 à 6 mètres.

Les ponts de cette chaussée, qui faisaient que Mouhot trouvait l'administration cambodgienne supérieure à celle de Siam, ont disparu, sauf celui en maçonnerie jeté près de Kompong-Luong, sur l'arroyo marécageux qui unit le stung Krang-Ponlei, dont il va être question, au prec Don-Sdong sorti d'un marais voisin.

Le grand marché chinois de Kompong-Luong a gardé de l'importance et de l'activité, quoique bien inférieures à celles d'autrefois. Ses abords sont cultivés en tabac, légumes, etc., sur la rive du bras qui unit le fleuve au Grand-Lac; il fait partie de la petite province de Pinhalu qui comprend une étroite bande de terrain longue de 15 kilomètres, sur la rive du Tonlé-Sap.

La pagode de Kompong-Luong et celle de la reine-mère passent pour les plus riches du Cambodge; pour bien se rendre compte de la décadence de l'art khmer, il est bon, en revenant d'Angkor, d'aller les visiter.

Pinhalu est un peu au sud de Kompong-Luong et également au bord du fleuve; il n'y reste plus que quelques cases cambodgiennes; les catholiques qui l'habitaient, descendants de Portugais pour la plupart, ou Annamites, sont allés se fixer à Pnom-Penh.

On trouve beaucoup de coquilles aux environs d'Oudon, notamment la *Paludina fischeriana* qui n'a pas encore été trouvée au-dessous de cette localité. Le *Bulimus annamiticus* y est assez répandu, ainsi que quelques autres espèces ne vivant pas dans les bassins des cours d'eau allant directement au golfe qu'on vient de parcourir.

Dans un éloignement difficilement appréciable à l'œil, mais qu'il faudrait deux jours pour atteindre, un groupe de montagnes tout brumeux se voit à l'ouest; il appartient à la province de Somrong-Tong. Hauts de plusieurs centaines de mètres les sommets des extrémités se nomment: celui du sud, Pnom-Aral; celui du nord, Pnom-Cherreo.

On l'a vu au premier chapitre, de Pnom-Aral sort le stung du même nom, la première des sources du prec Thnott.

En quittant Oudon, on va traverser le stung Crang-Ponlei, sorti de Pnom-Cherreo et allant directement au bras du Lac.

Entre ces deux cours d'eau, il n'en coule pas d'autre, et la limite du bassin du prec Thnott se trouve indiquée par une ligne qui irait de Pnom-Aral à Pnom-Lovéa et de là au confluent de ce prec ; les eaux de la plaine comprise entre cette limite et le stung Cherreo, se déversant dans de vastes étangs en communication avec le bras du Lac, comme ceux de Cok, de Poum-Pey, etc., près de Pnom-Penh, ou s'écoulant dans ce fleuve par des petits ruisseaux qui montrent à peine leur trace dans la saison sèche.

Un dernier mot au sujet de ce prec Thnott, dont il ne sera plus question.

Il a été dit que ses deux autres sources, les stung Relay-Cang-Chœung et Dach-pedao sortaient de montagnes du même nom, situées : la première, dans la province de Thppong ; la seconde, dans celle de Kompong-Som.

Cette dernière est, sans nul doute, la même que le pnom Dach-Pedao donnant naissance au stung Sénoc qu'on a rencontré allant, avec le Roun-Swai à Kompong-Roun, former le prec Tap-Chéang.

Quant à Pnom-Rela-Cang-Chœung, dans une province encore inconnue, plus à l'ouest que Aral et Dach-Pedao, on peut supposer qu'elle relie ces deux points.

On donne dans le pays le nom de Cherreo à tout le groupe qui, outre les sommets d'Aral et de Cherreo, en a à son centre un troisième appelé Tosteac. Ceux qui y ont été en parlent comme d'un pays étrange et pittoresque au possible. Il y a là des Neacthas (génie) plus que partout ailleurs ; la nature y est d'une incomparable beauté.

« Les deux hauteurs extrêmes de la petite chaîne se rappro-
« chent, disent-ils, formant comme un demi-cirque dont l'arène,
« plateau peu élevé, d'une fertilité prodigieuse, est en partie
« cultivée par des métis chinois. Le terrain des plantations,
« champs de bétel pour la plupart, est suffisamment humide
« pour n'avoir, pendant la sécheresse, pas besoin d'être arrosé. »

Le sol en passe pour malsain ; ce n'est pas sans hésitation que les indigènes s'y rendent. Le chanh, nom sous lequel ils désignent la fièvre des bois, les maladies qu'on contracte dans les régions insalubres et celles qu'ils attribuent au mécontentement des Néacthas, y règne et leur inspire une véritable terreur.

Le roi Norodom a pensé qu'une maison de plaisance, qu'un jardin dont il a conçu les plans seraient bien au pied de ces montagnes ; cette large voie qui, toute droite, fraîche ouverte à travers la forêt, va, du palais de la reine-mère, se perdre dans le lointain, lui a permis d'aller choisir la place de sa future villa.

Rencontrer au passage le monarque asiatique et la cour cambodgienne, rentrant de l'excursion dans l'appareil oriental dont un indescriptible désordre augmente l'originalité, est une vraie bonne fortune.

Deux cents éléphants, secouant leurs chaises de forme antique, dorées ou noires, emportent roi et princes sous les roofs de bambou à rideaux écarlates, passent comme une déroute, chargés de femmes du harem et de danseuses demi-nues sous leurs écharpes, et disparaissent avec les cavaliers, les chars et les piétons, dans un nuage de poussière, laissant l'impression d'un inoubliable tableau de féerie.

V.

Les cours d'eau qui sillonnent le pays entre Oudon et Pursat sont nombreux; sans importance au point de vue commercial, ils ne sont pas navigables pendant la sécheresse; ceux qui, lors de la mousson pluvieuse, peuvent être remontés, ne sont praticables que dans une faible partie de leur trajet.

Il n'est point aisé de se renseigner sur leur cours auprès des indigènes; ceux-ci, qui ne les connaissent guère que par les obstacles qu'ils créent aux communications terrestres, mettent, par leur habitude de donner à chacun d'eux le nom des différents endroits qu'il arrose, une confusion dans leur désignation qui rend difficile au passant la recherche de la vérité.

Ils ont leur origine dans le massif montagneux que nous appelons habituellement « montagnes de Pursat », qui étend ses rameaux vers Kompong-Chhnang et Pursat, et aux différents groupes duquel les Cambodgiens, qui ne les connaissent point sous cette appellation, donnent les noms qu'on va énumérer.

On vient de dire quelques mots du premier de ces groupes, à propos de Pnom-Cherreo, qui en fait partie. En quelque sorte le noyau du système orographique de la région, il se nomme Khchôul. En se rattachant aux Pnoms hom Krevanh (cardamome), qui sont plus au nord-ouest, il sépare le bassin du prec Thnott de celui du stung Pursat, rivières ayant chez lui chacune une source fort rapprochée. Il a quatre sommets principaux : Aral, Cherreo, Chiésoc et Tostéac ; sa plus grande hauteur n'est pas moindre de 7 à 800 mètres.

Les montagnes moins importantes, successivement allongées vers l'est, ont nom : Peam-Luc, Dei-Crahom (terre rouge), Khloc, Ang (jarre), Krang-Reméas, Domrey-Romiel (chute de l'éléphant), Sophou (livre), Nam-Kar, Téap (basse), etc.

Celles qui s'étendent au nord, dans la direction de Pursat, sont : les pnoms Khdol (nom d'arbre), Sangkat-Prec, Toc-Cherei, Khoc, Komreng, Srang, Phno (tombeau), Sebec, Cla (peau, tigre), etc.

A part Peam-Luc, qui peut avoir 300 mètres, ces montagnes sont peu élevées : les plus hautes d'entre elles ne dépassent guère une centaine de mètres.

En outre des sources des precs Thnott et Pursat, les pnoms Khchôul donnent naissance aux stungs :

Krang-Ponlei, qui passe à Oudon ;

Chereibak, dont l'embouchure est à Kompong-Chhnang ;

Babaur, qui, en passant près d'elle, prend le nom de cette ancienne ville ;

Et Thléa-Moham.

(Ces deux derniers seraient des branches du stung Kompong-Roca.)

Les torrents sortis de Péam-Luc, Dei-Crahom, etc., forment le stung Cherap-Ang-Kam.

Des pnoms Komreng, sortent les stungs Anconh et Anglong-Thnott.

Ces cours d'eau vont directement au Tonlé-Sap (bras du Lac et Grand-Lac), parallèlement à un bon nombre d'autres moins importants. Ils ont une foule de tributaires qui augmentent les difficultés des voyages à travers ce pays pendant la saison des pluies.

Il y a eu autrefois plusieurs routes conduisant d'Oudon à Pursat ; depuis qu'une sécurité relative règne dans le fleuve et sur le lac, elles se sont peu à peu vu préférer la voie fluviale et ont été moins fréquentées ; aujourd'hui, on trouve sur une seule des *Domnacs* (maisons de repos) et des relais régulièrement organisés.

Elle porte le nom de Phlau-Luong (route royale), et, parcourant la partie du pays la plus habitée, longe, en se tenant en dehors des limites de l'inondation, le bras du Tonlé-Sap et le lac de ce nom.

On franchit en six jours, en éléphant ou en charrette à bœufs, les douze stations entre lesquelles elle est partagée. Tous ces relais ne sont pas dans des villages ; on semble surtout s'être préoccupé, en les choisissant, de les avoir auprès de marais ou de rivières assurant à l'étape de l'eau aux voyageurs dans la saison sèche, et dont le passage dans la mousson pluvieuse peut nécessiter un arrêt plus au moins long.

Voici leurs noms : Bung-Léat, Bung-Pou (marais du figuier), Bung-Diep, Cherei-Bak (figuier cassé), stung Cherap-Ang-Kam, Babaur, Bung-Kna, stung Anconh, stung Anlong-Thnott (rivière, gouffre, palmiers à sucre), stung Tléa-Moham, stung Srang-Thom, Pursat.

La route royale est également connue sous le nom de Phlau-Ekrom (route d'en bas), par opposition à une autre nommée Phlau-Éleu (route d'en haut), qui passait au-delà des monts et a longtemps été entretenue, concurremment avec la route basse. Plus courte que celle-ci, on la parcourait en quatre jours ; elle était surtout fréquentée par les voyageurs à éléphant. Quoique encore incidemment suivie, elle n'est plus l'objet d'aucun soin ; ses maisons de repos ont complétement disparu.

Lorsqu'ils occupèrent le pays, les Annamites tracèrent une troisième voie aujourd'hui complétement oubliée, qu'on désignait sous le nom de Phlau-Iuon et quelquefois aussi sous celui de Phlau-Ékandal (route annamite, route du milieu) ; elle allait en ligne aussi directe que possible d'Oudon à Pursat, passant entre les groupes de montagnes et ayant des maisons de tram assez rapprochées ; elle avait sur les autres le grand avantage de posséder sur tous les cours d'eau, si petits qu'ils fussent, de solides ponts en bois. Une des raisons de son abandon que donnent les Cambodgiens, est qu'on y était souvent atteint par le chanh (fièvre des bois, etc.).

Pour qui voyage en éléphant, il peut être indifférent de suivre l'une ou l'autre de ces directions ; conduit par un bon guide, il est possible, tout en n'allongeant pas trop le trajet, d'aller à Pursat en parcourant des parties de chacune d'elles. Ce dernier mode permet de passer près des montagnes qu'on vient d'énumérer et donne une idée plus exacte du pays que les cinq provinces de Lovec, Roléa-Pir, Babaur, Krang et Kreko, plus petites que les grands territoires laissés en arrière, se partagent par bande presque parallèles.

On rencontre rarement dans le Cambodge un paysage d'un aspect plus agréable que celui offert par les environs de Vat-Pou (pagode des figuiers), à l'ouest de la vieille forteresse d'Oudon; il appelle un dernier regard, et le mérite. Derrière des haies de cactus et de faux flamboyants, fleuries en janvier, se cachent à demi d'élégantes cases khmers où semble régner l'aisance; les chemins ombragés, courant le long des champs, sont encombrés de charrettes pleines de paddy qu'on transporte à Kompong-Luong ou de riz tardif qu'on va repiquer. La première récolte est achevée, la seconde se prépare. De tous côtés, des troupeaux de bœufs et de buffles contribuent à donner à ce coin une animation peu commune que le guide explique par la raison que toute cette partie de la plaine serait habitée par des mandarins de la reine-mère.

Le stung Krang-Ponlei a 15 mètres de largeur; on le traverse en dépassant les dernières cases d'Oudon; quoique tout près de son embouchure, ce cours d'eau a encore ici l'apparence d'un torrent; son eau claire roule du sable dans un lit presque sans berges, que les barques ne peuvent remonter qu'en temps d'inondation. Il est aussi appelé stung Cherreo, du nom de la montagne qui lui donne naissance, et prec Kompong-Chevea (rive des Malais), à cause d'un hameau malais près de son confluent; celui-ci se nomme Péam-Chimnit (embouchure creusée).

Il faut à peine quatre heures pour dépasser les deux premiers relais de la route basse; au tiers du chemin, se présentent les *au* Pomat et *au* Bung-Léat, gros ruisseaux sans eau pendant la sécheresse et qui, dans les pluies, mènent au fleuve celles de la plaine. On peut encore se risquer à franchir le second et ses rives marécageuses sur les débris d'une passerelle longue de 50 à 60 mètres.

La dernière heure du trajet se fait dans un pays ayant un cachet spécial d'originalité et dont les champs cultivés, semés de cases malaises, dépendent d'un grand village cham appelé Chhuk-Sâ (lotus blanc).

Il y a 25 ans, une forêt, qui n'était fréquentée que par les fauves, couvrait le pays. Après l'apaisement de la révolte des Chams en 1858, bon nombre de familles, désignées pour aller habiter aux environs de Pursat, obtinrent comme faveur cette forêt à défricher, ce pays pour résidence.

La misère était grande alors dans la petite colonie musulmane; la splendide plaine de rizières qu'elle cultive aujourd'hui, les troupeaux de bœufs, les chevaux qui paissent le long du chemin montrent qu'elle a prospéré; les nombreux palmiers à sucre, qui n'ont pas encore le développement nécessaire pour être exploités, disent son âge.

Le Bung-Pou (marais des figuiers), où a lieu la halte, est un vaste marais séparant Chhuk-Sâ de la forêt; lorsqu'arrive la belle saison, il assèche presque en entier; les Chams le couvrent alors de riz tardif.

La voie se poursuit ensuite presque droite dans la forêt; elle a une dizaine de mètres de largeur; tous les travaux qu'on y fait se bornent à un débroussaillement annuel. De temps en temps, on retrouve encore une des anciennes bornes indicatrices des distances.

Un peu avant d'atteindre la station suivante, on passe le *au* Cabal-Khmoch (ruisseau de la tête de mort), par lequel s'écoulent les eaux de marais voisins. Il traverse, non loin de la route, un ancien cimetière auquel, disent les indigènes, il devrait son nom.

La station du Bong-Diep, au bord d'un autre grand marais, est à deux heures de la précédente; en la quittant, on sort de la petite province de Lovec qui, limitée à l'est par le fleuve, au sud par la province de Somrong-Tong, au nord par celle de Roléa-Pir, l'est à l'ouest, par ces deux dernières; elle porte le nom d'une des anciennes capitales du Cambodge, petit hameau peu éloigné du fleuve qui ne garde de son passé que des vestiges de remparts en terre.

Un peu au-delà de Bong-Diep, on laisse à droite Pnom-Téap (montagne basse) et Pnom-Dâm-Phea, petits sommets isolés, presque arides, jonchés de blocs de pierre, après lesquels le grand village de Prey-Khmer (forêt cambodgienne) se présente. De ses rizières on peut, abandonnant la route, se diriger sur celui non moins important de Banh-Chhcool.

Entre ces deux points coule le stung Cherei-Bac (figuier cassé), qui, ici, a le nom d'un village plus à l'ouest où se trouve le quatrième relais. Ainsi qu'on l'a vu, il sort des pnoms Khchôul pour aller à Kompong-Chhnang. On le retrouvera sous les désignations de stung Kéap et de *au* Khloc. Large d'une quinzaine de mètres, il a le même aspect que le stung Krang-Ponlei à Oudon ; ainsi que lui, il n'est accessible aux barques qu'aux hautes eaux.

Banh-Chhool est au milieu d'une grande plaine que borne au nord la chaîne comprenant les sommets de Krang-Reméas et de Domrei-Romiel (chute de l'éléphant). Ces montagnes s'arrêtent non loin de Kompong-Chhnang, principal centre de la province de Roléa-Pir et situé au bord du fleuve, près de l'entrée des lacs.

Les hameaux sont nombreux dans cette plaine ; les habitants, outre qu'ils cultivent beaucoup de riz, ont la spécialité de la fabrication de la poterie dite de Kompong-Chhnang. D'énormes meules de paille indiquent de loin l'emplacement des villages qui se livrent à cette industrie et se nomment : Trok, Khley (nom d'arbre), Paréam, Krang-Reméas, Kedei-Thnott, Ksam, Coc-Bunteay, Banh-Chhcool, Khlêng-Ac, Cherei-Bac, Prey-Paream et Bunteay-Sim (fort siamois).

Le procédé en usage chez les potiers du pays est le plus primitif : les vases sont fabriqués à la main, sans tour. Quant à la cuisson, ils opèrent de la façon suivante : sur un lit de fagots, épais d'un pied, les vases, préalablement séchés au soleil, sont déposés l'ouverture en bas ; lorsque la combustion du bois est avancée, que la flamme a disparu, le tout est recouvert d'une forte couche de paille qui, elle-même, est vite consumée, mais dont le manteau de cendres maintient suffisamment la chaleur pour que le refroidissement ne soit pas trop rapide.

Kompong-Chhnang (rivage des marmites) doit son nom à cette poterie, dont il est l'entrepôt, et que de grosses barques ingénieusement chargées répandent dans le Cambodge et même en Cochinchine. Tout près de l'entrée du Véal-Phoc (plaine de boue), en partie composé de cases élevées sur des radeaux en bambous, dans un étang en communication facile avec le bras du lac, il a une véritable importance qui tend à s'accroître de jour en jour. Pendant la saison sèche, des remorqueurs à vapeur font un service presque journalier entre Pnom-Penh et ce point, pour en ramener les nombreuses jonques chargées du poisson pêché au Grand-Lac.

Laissant maintenant de côté la route basse pour aller droit dans l'ouest, on arrive au pied des montagnes de Dei-Crahom (terre rouge), après deux journées de marche dans un pays pauvre et peu boisé, contenant ça et là quelques hameaux presque sans habitants, entourés de rizières qui doivent à peine suffire à leur subsistance.

Les hauteurs de Krang-Reméas et de Domrei-Romiel semblent de loin à moitié dénudées, les indigènes disent que les arbres, qui y croissent en petit nombre, appartiennent aux espèces sans valeur parsemant la campagne; on peut en dire autant de Pnom-Ang, qui se rencontre vers la fin du premier jour. Quelques-uns des hameaux sur le passage, entre autres Chéap, Tang-Ploch et Krang-Khloc, font partie de la province de Lovek, dans laquelle on est entré pour bientôt revenir sur les terres de Roléa-Pir. Les Cambodgiens du dernier de ces villages retirent de l'arbre nommé Phchoc (Shorea?), commun dans le pays, une assez grande quantité de résine. Dans chaque case, quelques piculs de ce produit sont emmagasinés, en attendant que des colporteurs chinois viennent offrir, en échange, des objets d'utilité première.

Le chemin suivi longe d'abord à distance la rive gauche du stung Cherei-Bac; il passe sur la rive droite dans le territoire du hameau de Chéap, dont le stung a pris le nom; puis, avant d'arriver au pied des montagnes, cessant à Tang-Ploch de se diriger à l'ouest pour aller vers le nord, il traverse successivement les stungs Tang-Phloch et Krang-Khloc, les *au* Bac-Chéang et Bac-Dom, venus des monts Khchôul pour se réunir et former, disent les gens du pays, ce même stung Cherei-Bac, un peu avant Chéap. Les deux derniers de ces cours d'eau seraient les bras d'un même torrent qui se diviserait à un endroit peu éloigné de la source et nommé Kompong-Chom.

La halte, le soir du deuxième jour, est faite au pied des collines de Dei-Crahom, qu'on a à gauche, et en arrière desquelles s'élève Pnom-Péam-Luc. Plusieurs ruisseaux, presque à sec en cette saison, prennent naissance dans ces deux groupes; leur réunion forme sans doute le stung qui, coulant vers le Véal-Phoc (plaine de boue), a nom Chérap-Angkam à l'endroit où il coupe la route royale (Phlau-Luong) et au bord duquel se trouve le cinquième relais de cette voie. Ils ont nom : *au* Dei-Crahom, *au* Trau, *au* Pong et *au* Vai.

Le pays de ce côté des monts, nu, bas et humide, est, dans la saison pluvieuse, sujet à des inondations fréquentes, et de vastes marais s'y forment. Véritable désert, pas une case ne s'est présentée depuis qu'on a quitté Krang-Khloc; avant d'en rencontrer, il faudra marcher encore tout un jour. Des bœufs sauvages détalent par troupes devant le voyageur. Les montagnes, couvertes d'une végétation luxuriante, sont le domaine des fauves; la nuit, l'éclatant barry de l'éléphant sauvage oblige les cornacs à veiller de près sur leurs bêtes inquiètes.

La voie annamite passait à l'est de Dei-Crahom; le guide, qui le sait, n'en peut montrer la trace. Quel dommage que son père, ancien mesroc (maire) de Krang-Khloc, trop vieux, n'ait pu faire le chemin.

Les souvenirs de ce vieillard, heureux d'être écouté, s'égrenaient sous les questions.

« La route haute (Phlau-Éleu), contait-il, est à l'ouest de Dei-« Crahom. Le fameux général siamois Chhau-kun la suivit « lorsque, en l'an Mesanh (année du dragon), 1833, repoussé, « poursuivi par l'armée annamite que commandait Truong-« minh-giang, il opéra précipitamment, par Pursat, sa retraite « sur Battambang, achevant de désoler le pays. Il était temps « pour le Cambodge que ses bandes disparussent; elles avaient « mis la misère à son comble dans les campagnes khmers.

« Des montagnes, des forêts sortirent alors des troupes de « malheureux, hâves, affamés, qui vinrent se compter sur l'em-« placement de leurs hameaux détruits pour la plupart.

« Tous ceux qui n'avaient pu fuir à temps, pris, étaient, « allés, captifs peupler les solitudes du royaume Thai. Ce qu'il « mourut de gens, cachés dans les bois ou en marche pour « l'exil, n'est pas croyable.

« Les jeunes filles enlevées à leurs familles passaient dans « celles des soldats envahisseurs. Malheur à qui semblait mé-« content : les gens de Siam ne faisaient guère cas des vies cam-« bodgiennes.

« On savait du reste dans le pays à quoi s'en tenir sur leur « façon de faire la guerre ; dès que le bruit de l'invasion s'était

« répandu, beaucoup, se réfugiant dans les pagodes, étaient « devenus bonzes, on avait marié les filles à la hâte, et les « villages, en masse, emportant ce qu'ils avaient pu rassembler « de provisions, s'étaient dirigés vers les montagnes, où ils savaient « que les Siamois n'oseraient les poursuivre.

« Ceux-ci, venus par les grandes voies, avaient en tous sens « envoyé des détachements pour surprendre les hameaux. Plus « d'une bande de fuyards tomba entre leurs mains ; elles ne se « rendirent pas toujours en tremblant; il arriva quelquefois « que des Cambodgiens au désespoir firent, à moitié désarmés, « subir de sanglants échecs à leurs ennemis.

« Longtemps après le départ du Chhau-kun, on aurait pu, « sur la route haute, suivre sa trace aux débris de chars, etc., « aux squelettes de bœufs, d'éléphants, même d'hommes dont « elle était bordée.

« Quand les Siamois furent partis, on eut affaire aux Anna- « mites ; leurs soldats, heureusement, ne ressemblaient en rien « à ceux de Bangkok ; il y avait de la discipline dans leurs troupes ; « on ne les fuyait pas. Lorsque les plumes de coqs de leurs « coiffures et leurs habits rouges étaient en vue, les femmes « arrivaient de tous côtés, chargées de provisions, et une sorte « de marché s'improvisait auprès du campement. Il y avait bien « quelques vols, mais les chefs écoutaient les réclamations.

« Leur autorité devint alors grande au Cambodge ; c'était la « fin du règne d'Ang-Chan ; la route annamite était déjà tracée, « de nombreuses corvées, levées de temps en temps, l'entrete- « naient, refaisaient ou consolidaient ses nombreux ponts. Les « Cambodgiens travaillaient sous la conduite de doïs ou de caïs « (bas officiers annamites) qu'ils appelaient ong doï, ong caï, « et desquels ils n'obtenaient pas facilement de s'en aller chez « eux, malades, ou pour chercher du riz. »

Des fonctionnaires plus élevés, voyageant quelquefois en éléphant, le plus souvent en litière, sous des parasols qui indiquaient leur rang, visitaient les travaux. Ces mandarins, vêtus de longues robes de soie, coiffés de grands chapeaux pointus, des petites bourses contenant tabac et bétel rejetées sur chaque épaule, parlaient brièvement à leurs subordonnés et ne faisaient point attention aux Cambodgiens, qui les détestaient.

La reine Ang-Mey succéda à Ang-Chan; les Annamites « qui « lui donnaient le nom de Ngoc-Van, se servaient de titres d'An- « nam pour désigner les mandarins du pays; quant à eux, ils « désiraient qu'on employât à leur égard l'appellatif Ong (mon- « sieur), de préférence aux termes cambodgiens correspondants. « Leurs fonctionnaires ne tardèrent pas à s'installer près des « gouverneurs de province. Des petits détachements de soldats « allaient et venaient dans le pays. Le peuple n'en souffrait pas « beaucoup, mais était humilié. Nombre de mandarins cambod- « giens étaient mécontents, et lorsque les Siamois, conduits par « le même chef, revinrent (1841) pour détrôner Ang-Mey et « mettre Ang-Duong à sa place, ils se joignirent à eux, mais « n'empêchèrent pas que, reprenant leur habitude, ils dirigèrent « sur Battambang une quantité de captifs. La vie fut difficile « pendant les quatre années qui précédèrent la paix; il fallut « servir tantôt l'un, tantôt l'autre, cela non sans péril; aussi, on « reprit plus d'une fois vers les montagnes le chemin des an- « ciennes retraites.

« Depuis cette dernière guerre, avait achevé le vieux mesroc, « la route annamite a cessé d'être entretenue. »

De la plaine marécageuse de Dei-Crahom, on entre sous les épais ombrages d'une forêt qui cache un instant les collines bientôt laissées en arrière ; les arbres qui y croissent ont déjà été signalés ; ce sont surtout des phchoc, thebeng, téal khlong, sakram, cherei, etc. Un arbre épineux appelé kassan (?), dont le fruit aigre est recherché des indigènes, y est très-commun.

La forêt ne tarde pas à s'éclaircir, le terrain devient sablonneux, la végétation presque nulle. A quelques centaines de mètres, à droite et à gauche du sentier, une succession de petits sommets arides, jonchés d'énormes blocs de conglomérat qui parsèment aussi le plateau, s'allongent vers le nord, faisant suite aux Dei-Crahom. Elles se nomment pnoms Khdol (nom d'un arbre assez abondant dans ces parages) (nanclea?) et Sangkat-Prec, peuvent en moyenne avoir 40 à 60 mètres de hauteur et sont séparées des Toc-Cherei, autres collines dans la même direction, semblables d'aspect et de proportions, par le stung Chenéa.

Ce cours d'eau est le plus important rencontré depuis Oudon; ses berges, presque à pic, sont ici hautes de 15 pieds ; il a

15 mètres de largeur. A la fin de janvier, une couche de 30 à 40 centimètres d'eau transparente coule encore rapidement sur le sable du fond. De gros arbres morts, jetés çà et là dans son lit, rendraient sa navigation difficile aux hautes eaux.

Sorti des pnoms Khchôul, il va au Véal-Phoc et prend le nom de stung Phsa-Babaur (rivière du marché de Babaur), après, disent les indigènes, s'être réuni à une branche du stung Compong-Roca qui a la même origine et se rencontrera plus loin. Il a, sur ses rives, l'ancienne ville de Babaur, sixième relais de la route basse (Phlau-Ékrom), qui fut un moment capitale du Cambodge et aujourd'hui village insignifiant, est surtout connue dans le pays sous le nom de Phsa-Babaur (marché de Babaur).

La végétation est piteuse sur les pnoms Toc-Cherei et dans leurs environs; tout près d'elles, surtout aux abords du *au* Toc-Cherei, petit ruisseau qui les longe et va au stung Chnea, le terrain est marécageux et couvert de joncs. Jusqu'à Tien-Prey, le pays est un désert dans lequel croissent quelques arbres et beaucoup de bambous et que sillonnent trois ruisseaux suivant la même direction que le précédent ; souvent inondé dans la saison des pluies, l'eau y forme une foule de petits marais, mais n'y séjourne pas autrement.

Il n'est pas rare de rencontrer par ces solitudes des petites troupes de Cambodgiens armés de la plus bizarre façon ; partis de leur village avec un papier en règle à la recherche de chevaux, de buffles ou de bœufs volés, ils reviennent le plus souvent, après plusieurs jours de courses, sans autre résultat que d'avoir prévenu les hameaux voisins. Lances et arbalètes, pas plus que fusils à pierre, n'intimident les voleurs, qui astreignent les gens des campagnes à surveiller constamment leurs bêtes.

Tien-Prey (bougie de forêt), dans la province de Krang, est un hameau de quatre à cinq familles dont les cases, groupées sous les palmiers au milieu des rizières, ont une apparence de bien-être. Celui qu'on rencontre ensuite a nom Pum-Chen (village chinois); il est formé de quelques cases isolées dans les champs de riz et habitées par des Cambodgiens ; on l'atteint en une heure et demie, après avoir laissé à gauche les collines boisées de Coc et traversé le stung Kompong-Roca. De Pum-Chen, les deux chaînes de Pnom-Komreng et Pnom-Srang sont en vue au nord, séparées l'une de l'autre par une faible distance.

Le stung Kompong-Roca (rive des ouatiers) ne ressemble pas aux torrents précédents; large de 10 mètres, profond de 5 à 6 pieds, sans berges, il coule encore à pleins bords à cette époque de l'année, dans un terrain argileux qu'il doit noyer fréquemment.

Voici à son sujet ce que disent les renseignements recueillis : sorti de Pnom-Kiésoc, dans les Khchôul, il se séparerait en deux branches près d'un hameau nommé Komreng et situé au pied des montagnes de ce nom ; l'une irait se joindre au stung Chnéa, dont il a été question, pour former le stung Phsa-Babaur; l'autre, passant dans l'intervalle qui existe entre les pnoms Komreng et la chaîne de Srang, deviendrait, après avoir été grossi par le stung Anlong-Coki, le stung Thléa-Moâm (voic des moâm), au bord duquel se trouve la dixième station de la route basse, les deux précédentes étant sur les stungs Anconh et Anlong-Thnott, sortis tous deux du versant nord des pnoms Komreng. (Moâm est le nom d'une petite plante qui pousse abondamment dans les rizières et dont les indigènes emploient la feuille parfumée dans leur cuisine pour aromatiser les mets.)

La végétation est superbe entre les deux hameaux et particulièrement aux abords du stung Kompong-Roca; outre bon nombre de kreul *(Augia?)*, de kenong *(Diplerocarpus?)*, et d'autres essences citées plus haut, un arbre de petites dimensions, nommé cruon, est commun ; son bois, léger et résistant, sert surtout à la confection des chaises à éléphants. Le phli, le rau, etc., dont on fait des colonnes de cases, sont également répandus.

Au-delà des rizières de Pum-Chen, le sol devient sablonneux et se dénude. Après avoir dépassé l'extrémité occidentale des pnoms Komreng, qui sont allongées de l'est à l'ouest et dont on s'est un peu approché, le *au* Potlohai se présente. Large de 7 à 8 mètres, profond de 1, il coule vers l'ouest; venu du stung Kompong-Roca, dont il serait une troisième branche, il irait rejoindre le stung Cang-Préam, qui ne tardera pas à couper le chemin.

Ce chemin est la route haute (Phlau-Éleu) ; parcourant une longue solitude, il se tient à quelques centaines de mètres des pnoms Srang qu'il a à droite. Une foule de ruisseaux sortis de ces collines le traversent pour aller au stung Cang-Préam.

La hauteur des Komreng dépasse peut-être 100 mètres ; celle

des Srang est certainement au-dessous de ce chiffre. La voie annamite longeait leur versant opposé.

Devant le milieu de cette dernière chaîne, le guide montre, à gauche du chemin, un épais massif de bananiers que surmontent les panaches de nombreux cocotiers et palmiers à sucre. « C'est là, dit-il, que fut le grand village de Srang. Une nuit de l'an Mesanh, surpris par les Siamois, tous les habitants furent enlevés et emmenés en captivité. Depuis, les belles rizières des alentours sont demeurées incultes et les fruits des arbres qui ombrageaient les cases, nourrissent les singes de la forêt. »

Quand les hauteurs uniformes de Srang sont dépassées, lorsqu'on est sorti des grandes herbes qui garnissent la plaine marécageuse s'étendant à leur base, le stung Cang-Préam coupe le chemin. Il est, d'après le guide, formé par deux ruisseaux principaux : celui qui porte son nom et le bras du stung Kompong-Roca qu'on a passé sous le nom de *au* Potlohai. Venant de l'ouest, il coule au pied d'un groupe de collines nommées Phno (tombeau) que la forêt dissimule à gauche; sa largeur est de 20 mètres, il a un pied d'eau courante, les berges sont élevées de 2 à 3 mètres, nombre d'arbres sont jetés dans son lit.

Les renseignements sur le cours de ce torrent, ainsi que ceux concernant le stung Kompong-Roca, recueillis au passage et ne reposant pas sur d'autre base que le dire des indigènes, qui ne les connaissent qu'imparfaitement, ne sont rien moins que certains et ont besoin d'être contrôlés. Par suite des changements de noms répétés, c'est ici que la confusion est le plus à craindre.

Le stung, qui n'est sans doute autre que le stung Srang-Thom, sur la rive duquel se trouve le dernier tram de la route basse, s'écartant à peine du prolongement des pnoms Srang que termine un groupe nommé Sebec-Khla (peau, tigre), remonte un peu vers le nord et, en face de ces dernières hauteurs, a sur sa rive gauche l'important village de Totung-Thngay, jusqu'où les barques remontent dans la saison pluvieuse. Les cases de ce village sont réparties en plusieurs hameaux disséminés dans une immense plaine de rizières. Les gens du pays font du sucre de palme qu'à l'époque de la pêche, ainsi que leur riz, ils transportent avec des charrettes à Kompong-Prac (rivage d'argent), village formé chaque année, pendant la belle saison, à l'entrée du Cang-Préam qui en prend le nom.

Totung-Thngay, qui appartient à la province de Kreko, est à une journée de Pum-Chen et à trois heures de Pursat; un seul cours d'eau descend entre ces deux points, c'est le stung Leat, venu de pnom Rang-Kvao et allant se jeter dans le stung Pursat à Kompong-Kassan. Large de 10 à 15 mètres, presque à sec, il n'est guère éloigné de plus d'un kilomètre du premier de ces villages.

Le pays qui reste à parcourir pour atteindre Pursat est le le plus triste qu'on puisse imaginer: le terrain, presque toujours sablonneux et aride, ne contient que des brousses, des bambous et quelques arbres maigres; par endroits, de grandes plaines sont à peine recouvertes d'herbe.

Pursat, fondé en 1516 par ce même roi Ang-Chan, vainqueur du rebelle qui régnait à Basan, fut, jusqu'en 1528, le siége du gouvernement cambodgien. Maintes fois dévasté par les Siamois sur la route desquels il se trouvait en première ligne, on y retrouve à peine la trace du fort qu'une petite garnison annamite abandonna devant l'armée du Chhau-kun, en 1841.

Principal centre et chef-lieu d'une grande province presque déserte, formé d'une centaine de cases sur les rives du stung du même nom, Pursat, qu'on écrit Pouthisat dans les pièces officielles, n'a d'autre importance que celle politique due à sa position. Il n'a pas de marché; quelques Chinois, lorsque la saison est arrivée, y font le commerce de la cardamome recueillie sur les monts Krevanh, dont il sera parlé, et du riz récolté dans l'immense plaine qui, à perte de vue, s'étend, semée de petits hameaux, sur la rive gauche de la rivière.

Cette plaine est très-animée dans les premiers mois de l'année: des charrettes la sillonnent, allant porter du riz, des provisions à Kompong-Prac; des colporteurs indiens, chinois, suivis de coolies chargés de leurs bagages, vont de hameaux en hameaux échanger leurs marchandises. Des troupeaux de buffles, de bœufs, des chevaux, une douzaine d'éléphants paissent en liberté dans les champs.

La province de Pursat est limitrophe du royaume de Siam; son gouverneur est un fonctionnaire d'un rang plus élevé que ceux des autres provinces; il a le titre de Ocnha-Sôrkéaloc.

Le stung Pursat a deux sources principales, la première dans les pnoms Khchôul, la seconde dans les pnoms Krevanh. Celles des stungs Aral et Relach-Cang-Chœung, qui forment le prec Thnôtt dont la rencontre avec le Fleuve-Postérieur a lieu à onze kilomètres au-dessous de Pnom-Penh, en sont rapprochées.

Il coule vers le Tonlé-Sap, pour s'y jeter dans la partie qui sépare le petit Lac du grand et que les Cambodgiens nomment Chœung-Khla-Chhlâng (passage des tigres), parce qu'on prétend qu'aux basses eaux ces animaux traversent en cet endroit.

Il a trois embouchures, appelées Réangluch, Pastung et Tradevech ; cette dernière porte le nom d'un vanneau qui est très-commun dans ces parages et, disent les indigènes, dort les pattes en l'air pour empêcher le ciel de l'écraser.

A Pursat, la rivière est large de 60 à 70 mètres ; elle conserve dans la sécheresse, entre ses berges hautes de 3 à 4 mètres, une nappe d'un pied d'eau claire qui descend lentement sur le sable. Pendant la saison pluvieuse, il coule à pleins bords, et les jonques, même très-grosses, peuvent le remonter.

Pursat est en dehors de la limite de l'inondation du Tonlé-Sap, mais est soumis aux débordements successifs du stung qui, atteignant souvent plusieurs pieds, compromettent quelquefois la récolte, en empêchant le repiquage du riz en temps utile. Une quantité de petites barques sillonnent alors la plaine noyée d'où émergent les cases.

Deux ou trois familles annamites habitent le bord droit de la rivière. Une frêle fillette, adossée à la première de leurs maisons, est subitement rentrée en apercevant le voyageur qu'un homme âgé, ouvrant la porte toute grande, a prié de s'asseoir avec un empressement persuasif.

Il est difficile de n'être pas séduit par l'accueil plein de prévenances que l'Annamite, quelquefois intéressé, semble comme un devoir, faire au Français qu'il rencontre hors du pays.

La jeune fille est allée lutiner deux petits jumeaux que leur mère, toute triste, tenait dans ses bras. Chétive pour ses quinze ans, elle devait, au dessin achevé de ses traits, un air de petite femme faite, captivant le regard.

« Hier, — a dit le père, qui venait d'approcher du thé et des cigarettes, — un mandarin est venu nous parler en ces termes :
« La loi cambodgienne fait esclaves du roi tous les enfants nés
« jumeaux : il ne faut pas songer à lui soustraire ceux-ci. »

« Nous la connaissions cette abominable loi, nous savions que « tout un personnel, dont le chef a le titre d'Ocnha-srez-pi-phnet, « veille à son exécution, et nous étions prêts à gagner les pro- « vinces de Siam où, au contraire, le gouvernement vient en « aide à ceux qui sont chargés de famille.

« Voyant la consternation causée par sa visite, cet homme « a ajouté : « La loi permet de racheter chaque enfant moyennant « deux barres d'argent ; pour qu'il vous soit possible de garder « les vôtres, j'offre de vous acheter pour quatre barres votre « fille ; et il est parti. »

VI.

Les Cambodgiens donnent le nom général de pnoms Krevanh aux montagnes sur lesquelles croît la cardamome et qui, commençant au sud-ouest de Pursat, forment une chaîne importante s'étendant vers l'ouest dans la direction de Chantabun. La rivière de Pursat y a sa principale source, les stungs Dontri et Sangké y prennent naissance. Hautes comme les Khchoul qu'elles continuent, les Krevanh sont éloignées de Pursat, d'où on ne les aperçoit pas, de près de quatre journées de marche ; elles ont, entre elles et la région habitée, toute une série de petits groupes de montagnes dont les plus rapprochés sont, par un temps clair, très-visibles de ce point.

Le plus intéressant de ces derniers a nom pnom Teuc-poul (monts, eau empoisonnée) ; le bois de kra-ngum (Dalbergia), y est abondant et exploité, mais il n'est pas commode de l'amener au Grand-Lac à temps pour l'expédier vers Phnum-penh ou la Cochinchine, c'est-à-dire avant la baisse des eaux, l'inondation produite par le stung Dontri sur la plaine ne permettant pas toujours de faire traîner les pièces par les buffles, et étant en même temps souvent trop faible pour que des radeaux puissent être formés utilement.

C'est à l'extrémité sud des Krevanh, dans les petites montagnes de Tressey, qui semblent rattacher la chaîne aux pnoms Khchoul et aux pnoms Relach-cang-choeung, qu'on trouve les beaux marbres connus au Cambodge sous le nom de marbres de Pursat.

A Kompong-luong, village situé au confluent des stungs

Khchoul et Krevanh, qui font la rivière de Pursat, des Birmans, venus des mines de pierres précieuses exploitées entre Battambang et Chantabun, commencent à former un petit centre, d'où ils se dirigent vers les montagnes, espérant, d'après des renseignements, y trouver la fortune. Leurs recherches n'ont pas encore donné de résultat.

Trois voies, tracées entre les montagnes et le lac, conduisent de Pursat à Battambang. Ainsi que celles menant d'Oudon au premier de ces points, elles portent les noms de routes : haute, du millieu, et basse. La dernière, impraticable pendant une partie de la saison pluvieuse est, le reste du temps, la plus fréquentée ; c'est d'elle qu'il va être question.

On met ordinairement quatre jours à la parcourir, les haltes du midi et du soir se faisant aux endroits suivants : Kompeunh, Traméac, Svai-don-kéo, Chopéa, Moung, Tul-plom, Kompong-pra et Battambang.

Huit cours d'eau la coupent. Les plus importants sont les deux branches du stung Dontri qui, cependant, conservent à peine un peu d'eau à la fin de la saison sèche ; elles se nomment, aux endroits où on les passe, stung Svai-don-kéo et stung Russey. Les autres sont appelés : au Phtea-khla, au Kompong-kedey, au Châk, au Sada, au Kan et au Meni. Les deux premiers précèdent les bras du stung Dontri, les quatre derniers les suivent. Sauf le au Châk, ils sont à sec pendant la sécheresse.

On ne rencontre pas de montagnes dans son parcours, les plus rapprochées sont, dans l'ouest, les collines de Tepedey, de Coi et de Banonn, à hauteur desquelles elle conduit, vers la fin du troisième jour de marche.

Jusqu'au stung Svai-don-kéo, qu'on appelle plus bas stung Kompong-prac, frontière actuelle entre le Cambodge et Siam, le pays appartient à la province de Pursat ; au-delà, il est à celle de Battambang, tout aussi cambodgienne, quoique soumise aux Siamois depuis 1795.

La campagne qui se déroule dans le trajet est loin d'avoir un aspect agréable, mais elle a son originalité ; inculte sauf aux approches des villages, elle montre de longues forêts-clairières semées d'arbres maigres, alternant avec d'immenses plaines de hautes herbes, véritables mers à l'horizon desquelles le guide cherche le bouquet d'arbres qui lui servira de point de repère. Chaque année le feu dénude la route, seul moyen employé par les habitants peu nombreux, pour vaincre la végétation envahissante; sa trace donne, à quelques endroits où il a dépassé le but, un air d'inimaginable désolation.

Après qu'en quittant Pursat on a, se dirigeant sur Kompeunh, traversé les rizières nues au milieu desquelles des hameaux entourés de bananiers semblent, pendant la sécheresse, des oasis dans un désert, le terrain apparaît tantôt demi-boisé, tantôt couvert de hautes herbes; souvent marécageux, il est encore, à la fin de janvier, humide par endroits. Les arbres revenant le plus fréquemment sous les yeux appartiennent aux différentes variétés de *dipterocarpus* que les Cambodgiens appellent: téal, khlong, trebeng et trach. Ces essences, avec le phchoc, sont ici, comme dans les pays précédemment décrits, les plus communes. Il en est une autre, déjà bien souvent vue, qui, utilisée en aucune manière, pullule dans les plaines de la région: c'est le rovéan *(là-nghuen* des Annamites); haut de 4 mètres, épineux, son bois en brûlant répand une odeur insupportable.

Kompeunh, village d'une trentaine de cases, est à trois heures de Pursat. La même distance, dans une solitude inculte dont le sol est argileux, le sépare de Traméac.

L'incendie allumé par les indigènes pour éclaircir les abords du chemin a, depuis quelques jours, dévoré herbes et broussailles; aux branches roussies des arbres tiennent encore des feuilles desséchées, la terre est couverte de cendres et de brindilles noires qu'une rare brise, par moments, soulève et jette au visage.

Aux deux tiers du trajet, le au Phtea-khla (ruisseau, maison du tigre), nommé aussi Khnat-reméas, complétement à sec, coupe le chemin; la végétation plus vigoureuse de ses rives tranche fortement sur la campagne noircie. Tout ce que le guide peut dire de ce petit cours d'eau, c'est que, bras du stung Pursat, il irait directement au Lac; qu'il passe à Vat-luong (pagode royale) et au village de Cherreo.

Traméac n'est pas plus important que Kompeunh; dans plusieurs de ses cases, que quelques cocotiers dépassent, des sacs remplis des fruits du somrong *(sterculia)*, qui serviront à la fabrication de la cire pour les lèvres, dont il a déjà été parlé, s'appuient aux cloisons. Celles-ci sont faites d'une sorte de chaume appelé *sebau*, employé surtout pour couvrir les cases, et tiré en abondance des plaines incultes environnantes.

Le ruisseau de Kompong-kedey, au bord duquel sont plantées les sept à huit maisonnettes du hameau du même nom, est déjà sans eau. Celle des mares qui, sur le sol argileux, jalonnent le chemin, ne va aussi pas tarder à disparaître. Journellement souillée par les buffles et troublée par les bandes d'échassiers en quête des derniers poissons, boue autant qu'eau, les éléphants se contentent de s'en asperger le ventre, ne pouvant se résoudre à la boire.

C'est à cette époque de l'année (février) que les voyages commencent à devenir pénibles pour ces utiles animaux.

Plus simple moyen de transport, tant que les routes ne seront pas l'objet de l'attention du gouvernement du pays, l'éléphant franchit la plupart des obstacles qui interdisent aux charrettes l'accès de nombreux points, et, parmi beaucoup d'avantages sur les autres modes de locomotion, a, grâce à sa haute taille, ceux d'éviter au voyageur la poussière du chemin et de lui permettre d'embrasser de l'œil le terrain qu'il parcourt. La régularité de son pas est d'un grand secours pour l'appréciation des distances.

Son bât, fait à la manière antique et tel qu'on le retrouve dans les bas-reliefs des grandes ruines khmers, pourrait peut-être l'être d'une façon plus commode. Comme il est, il permet, à la rigueur, à deux personnes de s'asseoir sous l'abri du roof plus ou moins élégant de rotins ou de bambous tressés qu'ornent, plutôt qu'ils ne le ferment, des rideaux d'étoffe rouge.

En bois légers et faciles à sculpter comme le trebek (goyavier) le cruonh, le dai-khla (patte de tigre, *wrightia mollissima)*, ces bâts sont, ainsi que les roofs, fabriqués par des gens qui se transmettent leur industrie et viennent de leurs villages lorsqu'on désire les occuper. Les habitants du hameau de Khlee, près de Kompong-chhnang sont, entre autres, cités comme habiles à ce travail.

Quelques roofs sont d'une élégance remarquable; il y a des bâts dans l'ornementation desquels argent, nacre et ivoire ont été employés avec un incomparable goût, d'autres sont grossièrement dorés, etc...

Les Cambodgiens donnent le nom de lit (kré), à la partie sur laquelle on s'assied ou s'étend. Ils ont cette croyance, à laquelle ne sont certainement pas étrangères les idées de pudeur attribuées à l'éléphant, qu'un mari ne tarderait pas à voir venir le trouble dans le ménage, s'il voyageait en compagnie de sa femme sur l'un de ces animaux.

Pouvant, sans trop de fatigue, marcher un mois en faisant des étapes modérées, l'éléphant souffre d'un service plus prolongé, surtout quand la sécheresse est avancée. La chaleur alors, la mauvaise qualité de l'eau, une nourriture pas toujours suffisante, contribuent à l'affaiblir, il maigrit à vue d'œil. Quelquefois la diarrhée que, lorsqu'il s'agit de lui, les Cambodgiens appelent cherro (torrent), vient achever de l'abattre.

Si, au moment de reprendre la marche, agenouillée sur les pattes de devant, la pauvre bête n'a plus la force de se relever, il faut voir le brutal cornac, tremblant à l'idée que sa mort pourra être attribuée aux mauvais traitements qu'il lui a prodigués, aux privations qu'il lui a fait subir, adresser prières et offrandes à la divinité, creuser devant le pachyderme un trou où, pour le mettre debout, il l'aidera à glisser ses pieds. Quelques jours de repos suffisent le plus souvent à le rétablir; s'il succombe, le conducteur lui enlève l'ivoire et la queue, le premier destiné au roi, l'autre au propriétaire.

Les cornacs, nommés *traméac* dans la langue du pays, sont presque tous esclaves et en général esclaves héréditaires; ces malheureux, véritables brutes, plus tristes représentants de la race khmer, vivent plus parmi leurs bêtes que parmi leurs semblables, les maltraitent avec une révoltante cruauté, et sont quelquefois, avec raison, accusés de leur mort.

Il y avait autrefois une assez grande quantité d'éléphants domestiques au Cambodge, les guerres siamoises la réduisirent beaucoup au profit de Bangkok. Il y a quatre ans, une épidémie en enleva plusieurs centaines; aujourd'hui leur nombre se décompose ainsi :

Le roi en possède 71, dont 30, à cause de leur âge, ne sont

pas en état d'être utilisés. Le second roi, fort amateur des grandes chasses où on les capture, n'en a pas moins de 40 sur lesquels 25 marchent quand on en a besoin. Ceux qui appartiennent à la reine mère ou aux princes sont au nombre de 32. Les grands mandarins en ont 150; les gouverneurs de provinces et le peuple 290; ce qui donne un chiffre total de 583, dont la moitié peut être facilement rassemblée, et, à un moment donné, rendre d'importants services.

Un mandarin dépendant du Prosor Saurivong, ministre des transports par terre, tient un contrôle de ceux des deux dernières catégories qui, pour le service du roi, peuvent être réquisitionnés.

La valeur d'un éléphant est calculée sur sa taille, il vaut un certain nombre de dollars la coudée; le mâle a plus de prix que la femelle. On en trouve difficilement un bon au-dessous de six à huit barres d'argent (90 à 120 piastres). Leurs propriétaires les louent ordinairement une piastre par jour, pour des courses fatigantes et de peu de durée, comme l'aller et le prompt retour de Phnum-penh à Kampot, ou à Pursat. Le prix est bien inférieur lorsqu'il s'agit de voyages lentement accomplis, où un long séjour au but donne aux bêtes du repos. Ils se résignent à regret à les confier sur la fin de la sécheresse, alors qu'ils prévoient qu'on trouvera rarement l'eau le long du chemin.

On rencontre le village de Svai-don-kéo (manguier de l'aïeul Kéo), et le stung du même nom à deux heures de Taméac. Large de 25 à 30 mètres, la rivière dont il sera question plus loin à propos du stung Dontri, connue au-delà sous le nom de stung Kompong-prac, a encore quatre ou cinq pieds de profondeur à la fin de janvier; son courant est nul, le niveau de l'eau baisse avec celui du lac; un mois plus tard, un maigre filet humectera à peine le fond de son lit. Les derniers points habités qu'on trouve en la remontant ont nom : Kompong-prey-khlong (rive, forêt des Khlongs) (nom d'arbre), Peit-ansa et Kassan-pno (noms de deux arbres fruitiers).

Sur chacune des rives, siamoise ou cambodgienne, un groupe de 15 à 20 cases est habité par des métis chinois, se livrant à la pêche, et dont le poisson, étendu sur des claies, sèche au soleil. Ils font aussi le commerce d'échanges avec les rares Cambodgiens de l'intérieur.

Une pirogue montée par deux de ces derniers est justement attachée à une touffe d'herbe de la berge.

Ils sont venus vendre la peau et les cornes d'un khting, sorte de bœuf sauvage que les Annamites nomment dinh. Le vieux fusil à pierre, dont une balle a abattu la bête, est au fond de la barque, jeté sur la dépouille, sa batterie toute emmaillottée de vieux chiffons. Les chasseurs attendent des offres; quelques curieux, attroupés autour d'eux, les font parler de leur exploit, car ici, pareille chasse en est un.

Ce khting, d'une variété désignée sous le nom de khting-pô (bœuf à serpents), est à l'égal du tigre redouté des indigènes qui lui ont fait une réputation bizarre. Il se nourrit, disent-ils, de serpents; habile à les clouer au sol de ses cornes très-pointues, il est également adroit à les saisir par la queue au moment où ils entrent dans leur trou, s'inquiétant peu des morsures faites à sa tête et qui en empoisonnent simplement les poils. En projetant sur eux sa salive, il fait tomber des arbres les reptiles qu'il y aperçoit, et jetterait à terre, par le même moyen, l'homme poursuivi qui s'y serait réfugié. Les bagues faites avec ses cornes rendent la piqûre des serpents inoffensive pour ceux dont elles ornent les doigts.

Chaque année, une nappe d'eau, profonde d'un à plusieurs mètres, joint au lac l'immense plaine qui, jusqu'à une très-grande distance dans l'ouest, s'étend du stung Kompong-prac ou Svai-don-kéo, au stung Russey ou Dontri, noyant même en certaines parties la route du milieu. Les barques, grâce à elle, peuvent courir de l'un à l'autre des villages élevés sur les rares éminences qui en émergent, ou sur les bords des deux rivières.

En se retirant, l'inondation a laissé les endroits bas pleins d'un liquide boueux sur lequel viennent s'égrener les longues files de pélicans dont, matin et soir, le singulier battement d'ailes, vraie diane et retraite, annonce, en passant au-dessus du village, l'aurore et le crépuscule.

Le terrain est dénudé autour de Svai-don-kéo; des champs de riz, principalement sur la rive gauche, occupent un certain espace, puis paraissent les grandes herbes ondulant sous la brise, ve-

nant, tant elles sont longues et le chemin étroit, jusqu'en haut de l'éléphant, secouer sur le cornac la rosée qui, le matin, les couvre. Le sol est encore humide, les herbes sont trop vertes pour qu'on ait pu y mettre efficacement le feu ; leur océan s'étend au loin à perte de vue, laissant à peine, comme une île, apercevoir le feuillage sous lequel le hameau de Chopéa est caché.

Celui-ci, sur une éminence presque insensible, n'a que dix cases derrière la ceinture de bananiers dont les troncs, dans l'éloignement, semblent une palissade. Point de puits dans le village, uniquement l'eau des mares. Ce n'est pas de bon cœur qu'on se décide à boire celle que cependant le matin, bien avant que les buffles aient été la troubler, les femmes y ont puisée.

Les coquilles terrestres, depuis longtemps déjà, ont disparu de la surface du sol ; enfoncées, engourdies dans la terre, elles n'en sortiront qu'après les premières pluies. Quant à cette plaine noyée dans la saison où elles revivent, elle en est totalement privée ; nulle part on n'en aperçoit un débris, tandis qu'au contraire, ceux des espèces fluviatiles, ampullaires, paludines, etc., variées, jonchent le chemin. Celles-ci achèvent elles-mêmes de se cacher. Le joli *Hemisinus baudonianus* est encore, dans les flaques d'eau, abondant entre les retardataires.

Il a fallu deux heures pour atteindre Chopéa, le double de temps est nécessaire pour, de ce point, arriver à Moung. Dans le trajet, la végétation se modifie un peu, des arbres parsèment la plaine et quelquefois lui donnent l'apparence d'une forêt.

Il a été précédemment dit que le stung Svai-don-kéo ou Kompong-prac séparait le Cambodge des possessions siamoises, et que le territoire sur la rive gauche de cette rivière appartenait à la province de Battambang. Celle-ci peut, pour son étendue, être comparée aux cinq grandes divisions du sol cambodgien, appelées dey (terres), qui sont l'apanage des cinq ministres de ce royaume. Elle est, comme elles, partagée en un certain nombre de petites provinces ou arrondissements ; ainsi, le terrain parcouru depuis qu'on a franchi la frontière appartient à celle de Russey, dont Moung est le chef-lieu.

Il sera parlé de ces divisions à mesure qu'elles se présenteront ; elles sont au nombre de six et se nomment : Russey, Dontri, Sangké ou Battambang, Reang-véang ou Thnot, Mongkol-borey et Teuc-thio. A cette dernière est depuis peu réunie celle de Svai-chec.

Moung est situé sur la rive droite du stung Russey; ses champs de riz commencent un peu après qu'on a dépassé le petit hameau de Cherei (nom d'un ficus), centre qui semble au moins égaler Pursat; ses maisons, toutes sur le bord du stung, se succèdent par petits groupes dans le lointain.

Bon nombre d'entre elles, tout en étant construites sur pilotis suivant la forme ordinaire, ont leurs cloisons en torchis, et servent surtout à emmagasiner le riz qu'aux grandes eaux des barques viendront charger.

A plusieurs centaines de mètres du logement du gouverneur, à l'extrémité ouest du village, habitent des familles de commerçants chinois, dont les boutiques sont approvisionnées des marchandises contre lesquelles les indigènes échangent les produits des forêts et de leurs champs. Entre cases et rizières court un chemin qu'animent de nombreux piétons, des cavaliers, des charrettes. Quelques-unes de ces dernières sont chargées de bottes de sebau, cette graminée qui, depuis Pursat, remplace complétement, pour la couverture des cases, les paillottes de feuilles du palmier chak, presque exclusivement employées ailleurs.

La rivière de Russey ou de Dontri, formée de deux torrents, sortis l'un du pnom Prey-srang, l'autre du pnom Prey-trach, montagnes qui feraient partie d'un même groupe des Krevanh, nommé Much, se sépare presque aussitôt en deux branches se dirigeant au nord-est

La plus méridionale coule sous le nom de stung Kassan-pno, qu'elle tient d'un village situé sur sa rive droite, et par lequel passe la route haute.

L'autre est appelée stung Krepenh-pir, du nom de montagnes qu'elle longe.

La première forme la frontière; après avoir dépassé Kassan-pno, elle se divise en deux bras : l'un, grossi près de Peit-ansa par les torrents nés des collines au milieu desquelles se trouve ce village, prend successivement les noms de stung Kompong-prey-khlong, stung Svai-don-kéo, sous lequel on l'a traversé et de stung Kompong-prac; l'autre s'unit au stung Krepenh-pir, à une quinzaine de kilomètres de Kassan-pno, près du village de Pût.

Le stung Krepenh-pir prend dès lors, jusqu'à Dontri, le nom de stung Russey.

Russey (bambou), centre important situé à 3 ou 4 milles dans l'ouest de Moung, non sur la rive du stung mais sur la berge et près de l'embouchure d'un petit affluent de gauche nommé stung Kôn-kaek (enfant, corbeau), a été autrefois le chef-lieu de l'arrondissement. On y remarque encore les restes d'une ancienne fortification en terre, datant du commencement du siècle.

Dontri, autre gros village à une dizaine de kilomètres au nord-est de Moung, est le chef-lieu du district du même nom, compris entre ceux de Russey et de Sangké, le lac et la frontière.

Toujours au nord-est, non loin de Tonlé-sap, près du village d'Anlong-provac (gouffre, sarcelle), le stung Kompong-prac rejoint le stung Dontri.

Au moment des hautes eaux, le stung est profond de douze à quinze mètres des bords du lac à Anlong-provac; de ce point à Thnom, grand village à mi-chemin de Moung à Pût, il a en moyenne 6 à 7 mètres, et sa largeur se maintient entre 20 et 30. Dans cette dernière partie, de gros arbres morts le barrent fréquemment et rendent sa navigation extrêmement difficile, sinon impossible.

La plaine que, sur la rive gauche, on traverse pour atteindre Tul-plom, est tout aussi déserte, tout aussi nue que la précédente; en partie garnie de rizières, elle montre çà et là quelques maisonnettes abandonnées qui, aux semis et à la récolte, seront les logis des gardiens.

Tul-plom a 30 ou 40 cases et est à 10 kilomètres de Moung.

Le au Châc en est peu éloigné. Plus important cours d'eau de la région après les deux rivières précédentes, il porte le nom d'un gros village situé à petite distance en le remontant et naît en quelque sorte dans les marais que forment les torrents sortis des pnoms Teuc-poul dont il mène les eaux directement au lac.

Kompong-pra (rivage sacré), est à 25 kilomètres de Tul-plom. Le terrain entre ces deux points, aux pluies assez noyé pour permettre aux barques de le parcourir, a déjà subi l'influence de la sécheresse. Dès le retrait des eaux, sillonnée par les charrettes, piétinée par les éléphants, les buffles, la boue aujourd'hui durcie, cuite par le soleil, a gardé de profondes empreintes rendant la route comme caillouteuse, et au possible fatigante à suivre pour hommes et bêtes.

Celle-ci court, étroite, dans une nouvelle mer de hautes graminées, plus de deux fois grande comme celle de Chopéa dont elle diffère d'aspect en ce que, sèches, ses masses jaunies brûlent en vingt endroits, lentement, faute de brise.

Les grandes lueurs effrayent les éléphants; pour les dépasser, ils prennent une allure plus vive sous les compliments ironiques des cornacs. Trois marais, portant les noms de Bung-tauch (marais petit), Bung-thom (grand) et Bung-lies (nom d'un coquillage), se succèdent à droite et à gauche, gardant un peu d'eau pour le voyageur.

Que celui-ci se garde de faire la halte dans la plaine herbue; outre qu'il n'y trouvera pas un fétu de bois pour préparer sa nourriture, il apprendra, la nuit venue, assailli par des nuées d'insectes, que si la moustiquaire ne sert dans cette saison à rien dans le reste du pays, elle est ici indispensable.

A l'ouest, derrière les colonnes de fumée, se montrent les deux petites pnoms Tepedey et Koi (douane); éloignées d'un kilomètre l'une de l'autre, la route du milieu passe entre elles. Un mur en terre, palissadé, dont les traces se voient encore, les unissait autrefois.

Dans la forêt qui les couvre et s'étendant vers l'ouest, les entoure un arbre appelé chhlik(?); en cambodgien est commun; Son beau bois est très-recherché à Bangkok pour l'ébénisterie; le gouvernement siamois en ferait chaque année, vers cette ville, apporter à grands frais 50 ou 60 pièces.

Entre ces petits sommets et les collines de Banonn, mais beaucoup plus près et presque au pied de ces dernières, aperçues sitôt que Tepedey et Koi ont été dépassées, coule le stung Sangké. Venu des pnoms Krevanh, il allait, il y a 50 ans, au lac par deux bras, dont l'un, le au Dombang ou Battambang, a été comblé.

Après le au Sada, qui limite la plaine d'herbes, la campagne est, jusqu'à Kompong-pra, parsemée d'arbres rabougris. Les trente maisons de ce village, entassées sur une petite éminence, sont en partie construites en torchis; les habitants font le commerce du sebau (chaume), dont d'énormes tas sont prêts à être expédiés sur Battambang, où les bottes de cette herbe se vendent une demi-piastre le cent.

Les hameaux de Kan et de Meni sont peu éloignés de Kompong-pra; totalement cultivée en rizières, l'immense plaine au milieu de laquelle sont disséminées leurs cases, laisse apercevoir d'autres villages sur leurs côtés; les ruisseaux des mêmes noms, en ce moment à sec, coulent aux pluies dans la direction que suivait le au Dombang (ruisseau du bâton).

Le guide, étendant la main, indique à l'horizon, à droite, l'emplacement qu'occupa sur les bords de la rivière comblée, le Battambang d'autrefois; puis montre en avant, dans le lointain, un interminable rideau d'arbres fruitiers, dissimulant à demi les maisons de Sangké, le Battambang d'aujourd'hui.

VII.

Il y avait là, au commencement du siècle, deux villes proches l'une de l'autre; Battambang, capitale de la province, entassait, au bord du au Dombang, ses cases près des ruines de Basset; Sangké, sans importance, avait les siennes semées sur les rives du stung du même nom.

Depuis 1835, Battambang n'existe plus, et Sangké, devenu le centre administratif du pays, a vu sa population s'augmenter de toute celle de la ville supprimée.

Cet événement était à l'extérieur passé presque inaperçu, et, sauf dans les régions avoisinantes ayant des rapports directs avec lui, on continua de désigner le chef-lieu sous le nom de Battambang.

Il n'est pas sans intérêt de se reporter vers ce passé peu connu.

La campagne de 1833 n'avait pas donné au Chaokun le résultat sur lequel il avait compté. Après son départ du Cambodge, les Annamites s'y étaient établis plus puissants qu'autrefois. Cherchant les moyens de les empêcher de profiter de son échec et songeant à préparer une revanche, il séjourna quelque temps à Battambang avant de retourner vers Bangkok.

On y souffrait durement de la guerre; le passage de troupes

nécessitait des corvées, des réquisitions ruineuses. Le commerce, presque nul du reste, était absolument paralysé; les Chinois dissimulaient leurs marchandises aux yeux des gens peu scrupuleux de l'armée. La sévérité dont l'énergique Siamois donnait, pour se faire obéir, des preuves journalières, tenait le pays sous une sorte de terreur. On cite encore, dans les villages, le nom de Cambodgiens qui, s'étant avisés, aux convois, de demander grâce pour leur buffles à bout de forces, avaient, par ses ordres, été fusillés sur-le-champ.

La retraite opérée devant les Annamites avait, en même temps que nui à son prestige, donné aux gens du pays une haute idée de ces derniers; on parlait de leur discipline, on exagérait leurs qualités; un seul reproche leur était fait: pour obtenir une prime, ils enlevaient les oreilles des ennemis tués au combat.

L'opinion était qu'ils ne tarderaient pas à s'emparer de la province; on leur souhaitait tout bas la victoire.

En partant pour Bangkok, le soldat de Siam n'ignorait certainement pas les dispositions de cette population, depuis si peu conquise, et, l'année suivante, lorsque le gouvernement Thai commanda de combler le au Dombang, de faire disparaître Battambang et de transférer le siége de l'administration à Sangké, il mettait évidemment à exécution les mesures jugées nécessaires par son général, tant au point de vue de la défense, que pour enlever à une révolte ses chances de succès.

Le récit suivant de Cambodgiens et de métis chinois, contemporains, en disant comment ces actes furent présentés dans le pays, montre avec quelle prudence Siam agissait à l'égard de ceux dont il fallait éviter de faire éclater le mécontentement.

« L'année qui suivit la disparition des dernières bandes de « pillards du Chaokun, il y eut une récolte nulle. Ce n'était « pas que ce fut chose rare; dans ces plaines de Basset, l'inon- « dation a des proportions considérables et nous étions habitués « à voir les riz en souffrir, mais après les mauvais jours qu'on « venait de traverser il en résulta un véritable découragement. « Personne ne s'étonna d'entendre des gens parler d'aller porter « leurs cases sur les rives plus élevées, plus fertiles du stung. « On compara cette rivière, profonde de dix mètres, gardant « au plus fort de la sécheresse suffisamment d'eau pour le

« mouvement des barques, au au Dombang, à demi-ensablé, « qui n'en conservait même pas assez pour notre usage. »

« Les projets d'abandon intéressèrent; ils prirent de l'im- « portance et se discutaient lorsque le gouverneur annonça « qu'il allait fixer sa résidence à Sangké. Cette décision fit « prendre à beaucoup un parti; les mandarins, les commer- « çants et nombre d'autres, en hâte, se choisirent des terrains; « le transport des cases commença. »

« Le stung Sangké était si étroit, que nous le traversions sur « des passerelles, jetées sans pilotis, d'une rive à l'autre.

« L'opinion suivante, ayant un jour été émise, devint bientôt « celle de tous : si on comblait le au Dombang, le stung ne « manquerait pas de s'élargir très-rapidement, et prendrait « bientôt une grande importance commerciale.

« Des corvées furent alors levées, et le au barré à son entrée; « puis l'autorité ordonna aux gens restés à Battambang d'aller « s'établir ailleurs, et, pour qu'il leur fût impossible de s'y « réinstaller dans la suite, combla, en y jetant ses berges, le « lit de la rivière dans toute la région précédemment habitée. « Les arbres qui y ont crû sont maintenant si gros qu'un « homme ne les saurait embrasser. »

« C'est depuis cette époque qu'on appelle stung Chas (ancienne « rivière), la partie comprise entre Basset et le Grand-Lac.

Le au Dombang abrégeait considérablement le trajet entre Sangké et le Tonlé-sap, et était, tout porte à le croire, un ancien canal.

Il avait sa légende : Un roi détrôné, Dombang-kramhum, dont la chronique place la chute en 638, l'aurait creusé pour chercher sa massue inutilement lancée dans cette direction, d'Angkor contre l'usurpateur. De là, les noms de au Dombang (ruisseau massue), et de Bat-dombang (perte de la massue), ou Préa-dombang (massue sacrée).

L'installation à Sangké terminée, le Chaokun arriva pour y élever la citadelle actuelle. Le pays travailla deux ans à cette construction.

La forteresse a 900 mètres sur ses faces nord et sud, 400 sur les deux autres ; pas de fossés. Sa muraille en briques est épaisse de 3 pieds à la base, d'un et demi au sommet ; haute de 5 mètres, elle est couronnée de créneaux et soutient un remblai intérieur en terre, large de 2 mètres. Des bastions sont construits à ses angles, ainsi qu'au centre des grands côtés.

En arrière de chacune des six portes sont rangées de vieilles pièces d'artillerie. Deux, portant le millésime 1789, longues de 4 mètres, ont 30 centimètres de diamètre à la bouche. Elles témoignent de l'énergie du chef qui, de Bangkok, les traîna à sa suite.

L'œuvre ici accomplie par lui, dans un pays ruiné, dont la population était hostile, où tous les matériaux faisaient défaut, veut être connue.

Il lui fallut de la chaux et des briques. On trouva du calcaire aux pnoms Tauch (montagnes petites), à 3 kilomètres du stung et à 15 de la ville. Dans les différents villages bordant la rivière, entre Sangké et Banonn, on faisait de la poterie par le procédé primitif en usage à Kompong-chhnang et dont il a été parlé. Il fit apprendre aux habitants à faire des fours, à cuire chaux et briques, et eut bientôt de ces produits des quantités considérables disponibles.

Ce n'était pas de bon gré que les gens de la province venaient par villages, à tour de rôle, prendre part aux travaux, abandonnant aux enfants, aux vieillards, cases et cultures. Des hameaux entiers fuyaient vers les forêts, vers les montagnes. Le Chaokun, ayant hâte d'en finir, n'employait qu'un moyen pour punir les récalcitrants; il avait choisi les champs du vieux Battambang dont il gardait mauvais souvenir, pour lieu d'exécution, et y faisait chaque jour tomber les têtes, tantôt de mesrocs (maires), n'amenant pas un nombre suffisant d'hommes au travail, le plus souvent, de malheureux, coupables de murmures. Des familles en fuite, arrêtées, y furent détruites.

Aussi, lorsque tout achevé, le général siamois eut repris la route de Bangkok, lorsque le gouvernement Thai eut, près du chef de la province placé à Sangké le prince cambodgien Ang-em avec un titre honorifique, cet oncle d'Ang-mey, la reine qui occupait le trône à Phnum-penh, devint-il pour tous l'avenir.

Le malheur alors s'appesantit complétement sur eux.

Trompé par les Annamites, Ang-em rêva la couronne khmer. Il sut cacher ses projets jusqu'au jour où, profitant de l'absence du gouverneur, parti réprimer des troubles dans le district de Russey, il se mit en route pour le Cambodge suivi de tous les habitants de Sangké et des environs, dont la majorité avait imposé le départ au reste (1839).

On partait convaincu que les Annamites n'avaient mis une femme sur le trône qu'à défaut des princes retenus à Siam, et qu'Ang-em, attendu, serait roi en se présentant. Pour chacun, le suivre était un titre à sa reconnaissance ; on oubliait, plein d'espoir, les jours difficiles passés.

L'abandon de la citadelle et de la ville fut complet ; deux missionnaires, arrivés de Bangkok depuis peu, se trouvèrent seuls avec un enfant et s'en retournèrent.

Le gouverneur de Battambang (1) se mit, dès qu'il connut la nouvelle, inutilement à la poursuite des fugitifs, et l'exode s'accomplit jusqu'à Phnum-penh.

Là seulement, prince et peuple surent qu'ils avaient été abusés. Le général annamite Truong-minh-giang, par ordre de qui, depuis la frontière franchie, on leur faisait bon accueil, les traita en prisonniers de guerre.

Ang-em, envoyé à Hué suivant les uns, à Chaudoc selon d'autres, y mourut peu après. Ceux qui avaient eu foi en sa fortune furent disséminés dans les provinces de la Cochinchine. Quelques-uns, vieillards aujourd'hui, revenus du Binh-thuân aux bords du stung Sangké, intéressent au plus haut point en racontant leurs souvenirs.

En 1841, le Chaokun envahit le royaume khmer pour la dernière fois. Il amenait avec lui, afin de le placer sur le trône, le prince cambodgien Ang-duong, qui, dans une province autrefois appelée Sumnat, dont le général siamois avait changé le nom en celui de Mongkol-Borey (2), occupait la même position que son frère Ang-em avait eue à Battambang.

Pendant les cinq années que dura la guerre, la ville se repeupla peu à peu de gens pour la plupart fuyant le Cambodge ; elle prospéra ensuite rapidement.

---

(1) Sangké étant hors du pays uniquement appelé Battambang, sera désormais désigné ici sous ce dernier nom.

(2) Souvent écrit à tort Angkor-Borey.

Le au Dombang barré, le stung Sangké s'agrandit dans de fortes proportions; il a aujourd'hui, à Battambang et aux environs, quadruplé sa largeur, mais l'ensablement s'en est suivi, et de dix mètres a réduit sa profondeur à six ou sept.

Les habitants font uniquement usage de son eau, il n'y a de puits ni sur l'un ni sur l'autre de ses bords.

Ceux qui l'ont vu jadis laissent, quand arrivent les derniers jours de sécheresse, échapper des paroles de regret devant la mince nappe étalée sur le sable, que les buffles, aux heures chaudes, en maints endroits plus nombreux dans lit du stung que les cases sur ses berges, suffisent à salir.

Il peut être remonté en pirogue, même pendant la sécheresse jusqu'au village de Tranh, le dernier qu'on trouve en allant vers la source, des petits rapides, semés de distance en distance, n'étant pas pour les indigènes de grosses difficultés.

De là à Sangké, il n'a pas d'affluents; il sera question plus loin, lorsqu'on les rencontrera, de ceux qui, entre la ville et le lac, viennent le grossir.

Le voyageur suivant en barque le cours de l'eau, entre les deux rives qui, pendant 4 à 5 kilomètres, chargées de barques, couvertes d'habitations, sont le Battambang actuel, ne se lasse pas de contempler les paysages pleins d'animation, charmants autant qu'on peut l'imaginer, se succédant sous ses yeux.

A cette question : « La citadelle est-elle loin ? » un des rameurs répond : « Ce gros manguier qui domine là-bas, à gauche, les « sinuosités du stung vont le montrer à droite ; lorsqu'elles « l'auront ramené dans la première direction, la forteresse sera « en vue. »

Tout coude fait à l'œil une surprise, lui montre un tableau plus séduisant ; cocotiers, jujubiers, orangers, etc., ombragent partout de jolies cases cambodgiennes, formant voûte au-dessus du chemin qui, sur chaque berge, suit les contours de la rivière. Ouvertes sur la voie et sur les champs, les maisons cachent avec leurs grands arbres, avec leurs haies de cactus et de bambous, si bien la campagne, qu'elles permettent de croire que derrière elles les constructions se continuent, et disposent l'étranger à s'exagérer l'importance de la ville.

Entrepôt du commerce de la contrée, Battambang voit son

développement s'accentuer tous les jours. Sous peu la ligne télégraphique de Phnum-penh à Bangkok, en l'unissant à ces deux capitales, facilitera les transactions déjà importantes, surtout avec la Cochinchine, dont les navires à vapeur viennent, depuis la fin de 1879, régulièrement y chercher du fret.

Sa population peut être évaluée à dix ou douze mille Cambodgiens, Chinois ou Annamites. Les premiers cultivent, sur les rives du stung, d'immenses plaines en rizières. Les Annamites sont pour la plupart pêcheurs. Le commerce est entre les mains des Chinois.

Il a pour base une quantité considérable de riz récolté dans la province, et le poisson du Grand-Lac. Les autres produits qui l'alimentent sont : les bois, les cornes et les peaux de bœufs, buffles, cerfs, l'huile de bois, les résines, un peu de gomme-gutte, de laque-méréak, de gomme-laque ; une assez grande quantité de cire d'abeilles, la cardamome recueillie sur les monts Krevanh, les pièces de soie tissées par les femmes, et dont la réputation est établie au Cambodge et à Siam, etc. Le pétrole entre pour une grosse part dans l'importation

Les chevaux viennent du Laos, ils se vendent d'une à deux barres d'argent; les bœufs coureurs valent de 15 à 20 piastres, les vaches deux ou trois seulement, une paire de buffles en vaut 30.

Le gouverneur possède douze éléphants, les mandarins et le peuple en ont, ensemble, autant.

Les fours à chaux que le Chaokun fit autrefois construire aux pnoms Tauch ont, depuis cette époque, toujours été entretenus et le calcaire presque constamment exploité. Celui-ci est recueilli sur le sol, sans qu'on ait à creuser. Les plus grands fours peuvent, dans une fois, cuire 500 piculs, les plus petits n'en cuisent pas moins de 100. L'inondation noie le terrain au pied des collines, et empêche la fabrication, qui ne se fait que pendant la sécheresse. La chaux est transportée en charrette jusqu'au stung (3 kilomètres); là, on la charge sur des barques. Elle vaut, à Battambang, de 2 à 3 francs le picul.

C'est de ce même temps que la poterie et les briques sont cuites dans des fours. Pour la plupart de très-petites dimensions, et pouvant à peine contenir quarante à cinquante marmites, ils sont très-nombreux ; à chaque instant on en aperçoit, dans les jardins, derrière les cases. Les vases sont mieux cuits et de forme plus élégante que ceux de Kompong-chhnang ; on en transporte en charrette ou en barque de fortes quantités à de très-grandes distances. Les briques sont employées sur place à la construction des pagodes, et aussi de maisons qui font peu à peu disparaître les paillottes.

La majeure partie des produits du pays est dirigée sur la Cochinchine, le reste va vers Bangkok. Les marchandises encombrantes prennent surtout la première de ces directions, elles paient la douane à la sortie du territoire siamois et la paient de nouveau au Cambodge. Celles qui vont à Bangkok n'ont pas de droits à acquitter.

C'est au moment des basses eaux, lorsque l'immense plaine herbue qui s'étend entre Battambang et Mongkol-borey est sèche et que la récolte étant achevée, hommes et bêtes sont disponibles, que les caravanes se forment pour prendre la route de la capitale siamoise.

Les marchands louent, pour la durée du voyage, des chars à buffles à raison de 20 à 25 piastres l'un, conducteur compris ; ils y entassent leurs marchandises (cardamome, cire, peaux, cornes, etc.), et attendent pour partir que le convoi, devenu assez important, n'ait pas à craindre l'attaque des bandes de voleurs, Siamois et Laotiens, qui s'organisent alors pour tenter la fortune. Les propriétaires voyagent ordinairement en éléphant. L'absence est de deux à trois mois.

Les premières troupes qui se mettent en marche sont considérables ; une caravane de moins de quinze à vingt voitures n'oserait partir. Elles reviennent chargées d'objets de toute nature, pour une bonne part de provenance européenne.

Battambang est aussi en relation avec Chantabun, port situé à deux heures du golfe de Siam, sur les rives d'un petit fleuve sorti du versant ouest des pnoms Krevanh.

Six à sept jours de marche les séparent. Ce trajet peut être en toute saison parcouru par différents chemins. Chaque année, plusieurs convois vont échanger les produits des deux pays.

Chantabun, en partie peuplé d'Annamites, occupés surtout à la pêche de l'holothurie, est fréquenté par des navires venant charger, outre le fret ordinaire donné par ces côtes, à peu près dix mille piculs de poivre, récolté dans les environs. Il voit, depuis plusieurs années, son importance s'accroître par suite du va-et-vient constant des Birmans qui exploitent les mines de pierres précieuses situées à mi-chemin de Battambang.

C'est principalement dans cette dernière ville que ceux-ci viennent s'approvisionner; bon nombre s'y rendent aussi, espérant y rétablir leur santé rapidement compromise dans les forêts dont ils fouillent le sol.

On les rencontre à chaque pas dans les rues, mêlés à la population qui regarde leurs poignards et leurs sabres avec la même indifférence que les pierres de mince valeur dont la recherche coûte la santé, souvent la vie, à tant d'entre eux. Les maisons de repos sont encombrées de leurs malades que la fièvre dévore.

Un terrain vague, devant la citadelle, est réservé au campement des caravanes venant des mines. Rien n'est plus curieux que le défilé d'une de ces troupes.

Cinquante à soixante bœufs marchent à la file, chargés chacun de deux paniers en rotin, quasi cylindriques, accouplés en forme de bât, et pouvant contenir un picul de riz ou de poisson. Les hommes qui les conduisent portent eux-mêmes un fardeau attaché aux deux bouts d'un bâton ; en avant, à l'arrière de la colonne, sur ses flancs, les chefs, des jeunes gens, les vieillards, armés de pistolets et de fusils, aussi mauvais que leurs sabres sont beaux, dirigent la marche, protégent le convoi.

La province de Battambang est administrée par un gouverneur, sorte de vice-roi, qui bat monnaie et a droit de haute et basse justice. Le grand-père et le père du fonctionnaire actuel ont occupé cette importante position ; elle n'est cependant pas héréditaire, le roi de Siam en dispose.

La monnaie frappée à Battambang a cours dans la province, ainsi que dans celle de Siemréap; on en trouve néanmoins difficilement dans leurs campagnes, et le voyageur qui les veut parcourir fait bien de s'en pourvoir.

En cuivre argenté, du volume d'un centime, elles portent d'un côté les mots Préa-dombang (massue sacrée) et de l'autre l'image de l'oiseau Garouda. On les nomme sleng, comme la noix vomique dont en petit elles ont la forme. Elles étaient autrefois frappées suivant l'ancien système; depuis 1880, un Indien a l'entreprise de la frappe; des machines venues d'Europe fonctionnent dans ses ateliers. On ne fabrique pas de monnaie d'argent; celle qui a cours est celle de Siam et la piastre mexicaine.

En disant adieu, l'hôte a ajouté : « Si ma femme ne devait « pas traverser le lac la semaine qui commence, j'aurais été « votre guide quelques jours. »

Puis voyant qu'il n'a pas été compris :

« Au Cambodge, nous comparons les périls de l'enfantement « à ceux qu'offre la traversée du lac, ma femme va accoucher, « je dois rester près d'elle. »

VIII.

La plaine de hautes herbes dans laquelle, depuis Svai-don-kéo, on a marché en suivant la route basse, se continue fort au-delà de Battambang vers Sysophon et Mongkol-borey; le stung qui porte le nom de cette dernière ville l'arrête à 40 kilomètres au nord.

Dépourvue d'arbres, sans broussailles, elle imite la mer dont elle a pris la place; pour en sortir dans ces derniers mois de sécheresse, où la fumée est partout l'horizon, la boussole n'est pas inutile.

Dans la partie qu'il faudrait traverser pour aller directement de Battambang à Siemréap, et que l'inondation du Lac couvre chaque année de 2 à 3 mètres d'eau, sa fange, même au plus fort de la saison sèche, ne durcit pas, par endroits, toujours assez pour permettre aux charrettes d'arriver au but; les gens du pays ont renoncé à y risquer les leurs, et c'est par le Grand-Lac que les deux villes, qui ont des relations du reste fort restreintes, communiquent.

S'il veut néanmoins parcourir le terrain, le voyageur peut, à dos d'éléphant, marchant au nord sur Teucthio, chef-lieu d'un des arrondissements de la province et point le plus intéressant de la région, y aller passer le stung Sreng et joindre à Kralanh, autre chef-lieu sur la rive opposée, la route de Bangkok à Siemréap, qui lui permettra d'achever facilement sa course.

Cet itinéraire, dont la première partie n'est guère possible qu'aux mois de février, mars, avril et mai, étant adopté, en voici sommairement le détail :

Une nuit passée dans la grande plaine, une seconde à Kombo, village un peu au-delà du stung Mongkol-borey, donnent Teuc-thio le soir du troisième jour.

Ce même troisième jour, à Kralanh, passage du stung Sreng, on quitte la province de Battambang pour celle de Siemréap. C'est alors la route fréquentée : aux importants villages de Plang, Muk-pen et Puoc, des maisons de repos attendent ceux qui marchent.

Au total, cinq jours de route.

Outre de vastes marais peu profonds et plusieurs ruisseaux sans importance, trois cours d'eau, les stungs Péha, Mongkol-borey et Plang barrent le chemin. Les petites hauteurs de Bunteay-néang et de Sang-kebal seront les premières aperçues, celles de Kombo, Liep, Treloc, Sompeuh, Sombat, isolées comme des îles, se montreront ensuite de plus près.

Au sortir de Battambang, le ruisseau de Maha-tep étant passé, les ruines de l'antique temple de Vat-ek laissées à droite à toute petite distance, le stung Péha se rencontre limitant les rizières qui, pendant 8 kilomètres, de la ville à sa rive, couvrent la plaine.

Rivière dont la source est aux pnoms Tanghen, collines au N.-O. de celles de Banon, le stung a ici 60 mètres de large et 3 pieds d'eau, ses berges ont 3 mètres. Il a, avant d'y arriver, deux fois changé de nom ; son importance est nulle au-dessus du Bung-cruoh (étang gravier), marais étendu au milieu duquel il passe.

Plus bas il se divise en deux branches, l'une va au stung Sangké, elle a nom Kontrai (ciseaux) à son confluent ; l'autre coule vers le stung Mongkol-borey, et, peu avant la jonction de ce dernier avec la rivière de Battambang, l'atteint à Péam-kânchas (embouchure esclavage).

Pour expliquer cette dernière dénomination, on raconte dans le pays qu'une jonque venue de Chine, remontant la rivière chargée de marchandises, fut, là, chavirée par un caïman de taille fabuleuse, et que les gens de l'équipage, réduits à la misère, ayant gagné le bord, durent, pour vivre, se faire esclaves.

Le stung Péha est extrêmement poissonneux : chaque année, le gouverneur de Battambang y fait une promenade ayant pour but la pêche. Lorsque les eaux, dont le niveau baisse avec celui du Grand-Lac, se sont suffisamment retirées, il arrive avec sa famille, ses musiciennes, ses danseuses, les familles de ses fonctionnaires préférés; pendant deux ou trois jours, emplissant filets et paniers de poisson, tous, dans l'eau bourbeuse, pataugent à qui mieux mieux.

Au-delà du stung, les marais se succèdent sur un espace de plus de 15 kilomètres; l'éléphant, habilement conduit par le cornac, marche, évitant l'un, traversant l'autre; une charrette n'en sortirait pas.

Les traces de grosses tortues se montrent partout sur la vase; des troupes de sangliers fuient, agitant les grandes herbes; portés par celles-ci, point assez lourds pour les courber, des amas d'autres herbes mortes, de petits végétaux desséchés, sorte d'écume qu'en se retirant les eaux y ont laissées, tachent de larges plaques jaunies l'immense nappe verte que le feu dévorera quand la sécheresse aura son terme proche.

A la fin d'avril, dans le courant de mai, les premières pluies commencent à peine à rendre la vie à la végétation, quelques tiges seulement sortent de dessous les cendres délayées; la plaine est nue, elle laisse à découvert les troupes de fauves attirées par la verdure échappée aux flammes dans les marais, au bord des dernières flaques.

A cette même époque, les cerfs des espèces que les Cambodgiens appellent Kadan, Pra, Roman (daim, cerf, élan), et qui peuplent les solitudes khmers, se sont défaits de leur ramure, leurs cornes naissantes ne peuvent utilement servir à les défendre.

Pour les gens du pays de Battambang, l'heure des grandes chasses est arrivée.

Chasses curieuses où des chevaux, ceux-là qu'à chaque pas on rencontre dans les champs, poursuivent et forcent, dressés tout exprès, le gibier gras souvent à ne pouvoir fuir, emportent jusqu'aux pieds de la bête rendue, agenouillée, le chasseur armé, pour l'égorger, d'un petit couteau khmer.

Il faut d'intrépides cavaliers pour ces grandes courses; les plaines, dont les premières averses ont rendu la terre brûlée, humide et glissante à sa surface, sont semées d'obstacles traîtres comme des piéges; ici c'est une fosse creusée pour — dans une autre saison — guetter le cerf à l'affût; ailleurs, en des points peu aisés à reconnaître, le sol est resté fangeux, le cheval lancé s'y enfonce brusquement jusqu'au ventre, etc.

L'habileté du chasseur, sans songer à l'arrêter, consiste à détourner des écueils sa monture qui, mise sur la piste, la suit furieusement. Chaque année les accidents se succèdent. Il n'est point rare qu'on rapporte un cadavre. Pas de rebouteur dans les campagnes khmers, les courreurs savent que bras cassé, jambe démise rendent infirme pour la vie.

A ce jeu périlleux, tous ne se risquent pas; les Cambodgiens se servent à leur manière, avec assez d'adresse, des chevaux qu'ils montent sans étriers, mais ceux qui prennent part à ces chasses sont, en général, des esclaves habitués dès la jeunesse à leurs péripéties; les autres, sauf quelques rares amateurs, sont les chasseurs de profession.

Ceux-ci, en échange des chevaux qu'on leur prête, abandonnent la chair des bêtes égorgées, se réservant la peau, les nerfs des jambes et les cornes qu'ils livrent à vil prix à des colporteurs chinois contre des marchandises usuelles.

Les nerfs entrent dans l'alimentation des Chinois, les cornes sont employées dans leur médecine. Les uns et les autres sont expédiés par les marchands sur Pnom-penh et Cholon. Les premiers valent, à Battambang, 12 à 14 piastres le picul; les cornes du pra (cerf), quand elles sont jeunes et très-molles, s'y vendent jusqu'à une barre d'argent la paire; le prix des autres dépasse rarement 5 à 6 piastres par picul.

Lorsqu'une chasse importante est préparée, ses organisateurs emmènent des éléphants qui rapporteront les bêtes tuées. Souvent les gens du voisinage suivent en nombre, allant là comme à un spectacle.

A l'aube, quand le troupeau qu'on va surprendre broute encore, les cavaliers s'éparpillent, s'étendent en une ligne, puis partent ; la foule silencieuse les suit du regard et, lorsque les fauves affolés se voyant chassés, fuient, que les cavaliers précipitent le galop des chevaux et, pour un instant, abandonnant les rênes, jettent en hurlant les bras en l'air, elle roule sur leurs pas, faisant, à l'unisson, sortir de toutes ses gorges ce cri particulier de fausset bizarre, cette sorte de hurrah par lequel les Cambodgiens s'entraînent.

Aux autres époques de l'année, on chasse généralement à l'affût ; quelquefois aussi, une troupe cernée par l'eau est traquée sur un terrain demeuré sec.

Les habitants disent que le gibier diminue ; cependant huit à dix mille peaux sont, chaque année, apportées au commerce de Battambang ; dans ce chiffre, mais pour un nombre relativement restreint, sont comprises les dépouilles de bœufs, de buffles domestiques ou sauvages, etc.

Ailleurs, dans la province kmer de Baphnum entre autres, les cerfs sont poursuivis de la même façon, à cette différence près que les montures sont des buffles, non ceux-là nés dans les troupeaux des paysans, mais des bêtes qui, prises jeunes à l'état sauvage, ont gardé l'agilité voulue pour forcer les grands fauves.

Parmi les marais qu'en continuant le chemin on va traverser, les plus considérables se nomment Bung-veng (marais long), Bung-chan, Bung-touc. Comment peuvent-ils contenir assez de poisson pour nourrir les oiseaux qui, au jour, en multitude, viennent s'abattre sur leurs eaux bourbeuses? Les débris de coquilles, d'ampullaires surtout, entassés aux endroits où la vase durcie a permis de les casser facilement, montrent qu'à leur subsistance les mollusques fournissent un large appoint. Il est remarquable que parmi ces derniers se retrouvent les variétés, peu nombreuses du reste, signalées comme habitant les eaux du prec Kompong-som.

Pendant l'accomplissement du trajet séparant le Bung-chan de Sombuo (nom d'arbre), premier village rencontré, on a en vue, dans l'Ouest, les petites montagnes de Bunteay-néang et Sang-kebal. Allongées du N. au S., isolées l'une de l'autre, elles sont d'égale longueur ; Sang-kebal est en même temps la plus au N. et la plus occidentale.

Le feu dans les environs de la première, en les faisant supposer habités, dévore les grandes herbes. Leur nom et qu'elles sont à une journée de marche est tout ce que le guide en sait. La fumée les enveloppe, ne les laisse que vaguement voir.

Sombuo est au bord du stung Mongkol-borey; le parcours pour l'atteindre est rendu énorme par les marécages boisés bordant le Au Nho, ruisseau sans eau, mais plein de vase, sorti des marais autour de Sang-kebal.

Ce au se présente une seconde fois un peu plus loin, sous le nom de Au Crauch, qu'il conserve jusqu'à son confluent avec le stung Mongkol-borey.

Les arbres croissant sur ces rives, que l'inondation noie tout autant que la plaine laissée en arrière, appartiennent aux espèces sans valeur, point utilisées, communes autour du Grand-Lac, et que les Cambodgiens nomment Rang-mot-tonlé (Rang des bords du Lac), Sedey, Ketom, Prabouq, etc. Des broussailles de 3 à 4 mètres les relient, forment d'inextricables fourrés qu'à coups de hache, jusqu'au hameau, il faut ouvrir aux éléphants.

Les gens des campagnes se servent de l'écorce de l'un de ces arbres, le Rang-mot-tonlé, qu'il ne faut pas confondre avec une des meilleures essences du Cambodge, le Rang-pnom (rang de montagne), pour prendre les tourterelles qui, trop familières, viennent dans les hangars manger le riz.

« On expose à leur appétit, disent ceux qui les chassent « de cette façon, du paddy bouilli au préalable avec l'écorce « du Rang; l'oiseau, avant d'être rassasié, tombe étourdi puis « meurt s'il n'a le temps de boire, car l'eau annule l'effet du « poison. Les autres oiseaux mangent impunément le paddy « ainsi préparé. »

Le village de Sombuo a la pêche pour principale ressource. Point d'ombrage autour de ses vingt-cinq cases, aucun de ces arbres fruitiers qui, partout ailleurs, indiquent de loin les lieux habités; il faut du soleil au poisson étendu sur des clayonnages en avant, aux côtés de chacune d'elles.

Penchées à droite, penchées à gauche, juchées, comme chancelantes sur des pilotis hauts de 3 mètres semblant trop faibles pour leur longueur et qui, solides néanmoins, les mettent à l'abri de l'inondation, celles-ci, à moitié dégarnies de leurs paillottes, ont un aspect misérable. Elles viennent de subir la mauvaise saison, leurs propriétaires, trop occupés, ne les répareront pas avant les premières pluies.

L'odeur du poisson, celle des détritus indifféremment jetés çà et là, achèvent l'impression défavorable qui, comme pour la plupart des villages pêcheurs, fait au voyageur européen préférer le campement en plein air à toute autre installation.

Aussi bien, les bords de la rivière s'offrent et conviennent merveilleusement à cet effet, les grands arbres manquant au village s'y pressent, s'y étouffent; sous leur feuillage, le soleil ne gêne pas plus que la rosée.

Le stung Mongkol-borey a sa source dans l'extrémité nord de ce massif des Krevanh dont le versant Est a déjà donné naissance à la troisième branche du stung Pursat, au stung Dontri, et au stung Sangkê. Il coule longtemps encombré d'arbres morts, sur un sol rocailleux, et passe, torrent impraticable aux barques, à Boa, dans les terrains couverts de forêts séculaires où les Birmans cherchent les saphirs qu'ils lavent dans son lit.

Large ici de 35 mètres, ses berges sont hautes de 4 à 5, il lui reste (fin février), 6 pieds d'eau très-trouble, presque stagnante; le poisson y abonde; une espèce, le trey-rass (konkaloc des Annamites), y est surtout commune et abondamment pêchée, elle vaut sur place un peu moins de 3 piastres le picul.

C'est principalement par échanges qu'on procède à sa vente; il est bien rare qu'il n'y ait dans le stung, à Sombuo ou aux environs, une ou plusieurs barques annamites de Péam-séma, chargées de sel, d'arec, de cotonnade, etc., dont elles se débarrassent par petits lots contre le poisson des riverains.

Le stung va à Bac-préah (couperet cassé), s'unir, après un trajet considérable, au stung Sanké dont il double la largeur. Les vapeurs de Cochinchine, venant chercher les marchandises de Battambang, ne remontent cette dernière rivière que jusqu'au confluent, ses sinuosités sans nombre et son peu de largeur n'en permettant, au-dessus de ce point, guère l'accès qu'aux chaloupes.

Une partie des produits de la région descend à Battambang par la rivière de Mongkol-borey; pour beaucoup de lieux habités où les charrettes sont, comme à Sombuo, rendues impossibles par les inondations et la nature du sol, elle est la seule voie de communication. Bâc-préah, petit village pêcheur, demi-lacustre, formé depuis quelques années à la jonction des deux rivières, doit à ces causes de prendre chaque jour de l'importance.

Un autre village, Sré-prey (rizières des forêts), dont quelques champs de tabac entourent les cases, est tout près de Sombuo; ceux qui l'habitent vivent aussi de la pêche.

Srê-prey et Sombuo sont tous deux de l'arrondissement de Mongkol-borey.

Dans toute la partie du pays commençant au *au* Crauch et allant s'étendre jusqu'aux environs du pays de Teucthio, le riz sauvage appelé par les Cambodgiens serannhé, croît sans culture, naturellement, formant d'immenses champs qu'à de grandes distances limitent des rideaux d'arbres entremêlés d'arbustes des essences communes là où l'inondation a de fortes proportions.

L'aspect de ces plaines dorées, à chacune desquelles les Cambodgiens ont donné un nom, cause une véritable surprise au voyageur.

A cette époque de l'année, dans quelques-unes régulièrement coupé, le riz donne au terrain, qu'un chaume long de 2 mètres recouvre, l'apparence d'une rizière monstrueuse mise, par de grossières palissades faites d'arbres morts, à l'abri des incursions des éléphants, des cerfs, etc. C'est là l'exception; la plupart, négligées par les habitants du voisinage, respirent la désolation, les traces des hôtes de la forêt y occupent plus de place que le riz intact, les épis que ceux-ci ont épargnés, mûris, ont courbé leurs tiges et traînent sur le sol, brûlés par le soleil.

Les éléphants, lorsque les eaux se retirent, viennent faire bombance dans ce pays favorisé, où souvent on les rencontre en troupes parfois de plus de trente individus.

La tige du riz sauvage grandit, s'élève à mesure que les eaux montent; maintenant constamment son épi au-dessus de leur niveau, elle atteint ainsi une hauteur qui souvent dépasse 3 mètres.

Le grain, plus petit que celui de leurs champs, n'en est pas moins apprécié des Cambodgiens qui n'en récoltent cependant qu'une quantité relativement faible. « Sa tige est trop longue,

« disent-ils, pour qu'on ait avantage à le recueillir, il faut que, « mûr avant le retrait des eaux, il puisse être coupé par des « gens en pirogue. »

On dit en Cochinchine que les Chinois de Battambang, qui achètent la récolte des cultivateurs de la région, la mélangent de riz sauvage. Si le produit est mélangé, c'est avec une qualité inférieure nommée srau-véar (riz rampant ou couché). La petite quantité de serannhé, prise dans les grandes plaines, est consommée par ceux qui la recueillent. Si elle était mise dans le commerce, elle se vendrait, disent les indigènes, au prix du meilleur riz.

Le srau-véar croît dans les plaines inondées dans les mêmes conditions que le riz sauvage, avec cette différence qu'on le sème. Comme le sien, son épi a de longues barbes et s'élève avec la crue. Son grain a les dimensions ordinaires; il est rouge, quelquefois blanc; il serait, dit-on, dans ce dernier cas, dur et difficile à cuire.

C'est à son confluent avec le stung Kompong-kassan, petit cours d'eau sorti des pnoms Dangrek, montagnes dont il sera question plus loin, qu'on traverse et laisse en arrière le stung Mongkol-borey.

Le passage est inhabité, les piquets d'une pêcherie émergent à quelques cents pas au-dessous; comme à Sombuo, l'eau fangeuse est sans courant, une quantité de caïmans de petite taille montrent leur tête à la surface. « Vous n'apercevez pas de museaux rouges? » dit le guide au cornac, et, plutôt que d'aller demander leur pirogue aux pêcheurs, il entre, de l'eau jusqu'aux épaules, dans le stung dont les reptiles ont vite eu disparu. « Les museaux noirs ne sont pas à craindre ici », fait-il en sortant. « On ne se souvient pas d'un accident dans nos villages; il y a tant de poisson! »

Sur la rive gauche, le sol devient sablonneux, s'élève un peu tout en restant presque aussi nu.

Pnom Kombo (montagne chaux), bloc de calcaire non exploité, mais bien connu dans la province, haut de 50 mètres, se montre au nord à une courte distance. Le stung venant de cette direction, et qu'on longe de près, le sépare du village du même nom, groupe de 15 à 20 cases plantées sous de grands palmiers sur la rive.

C'est là qu'a lieu la halte; point de maison de repos, les passants sont si rares. Les gens qui, curieusement, s'approchent du voyageur, ont au premier appel bientôt fait de lui construire un abri pour la nuit, car il n'est pas dans les mœurs du Cambodgien d'ouvrir à l'étranger les portes de sa maison.

Au nord de Kombo apparaissent les collines de Liep (nom d'arbre), Treloc, Sompeuh; basses, semblant détachées les unes des autres, portant par endroits des cultures sur leurs flancs, entourées, comme encloses (sauf Sompeuh qui, aride, a ses abords déserts) d'arbres fruitiers, de cases, elles enlèvent à la plaine sa laideur uniforme.

Celle-ci diffère dès lors absolument des solitudes herbues de la rive droite. Elle est, à part quelques champs de tabac, cultivée en rizières. Les champs de Kombo s'y confondent avec ceux des villages disséminés autour des hauteurs, qui, eux-mêmes, confinent à ceux de Teucthio. Les ondulations d'un immense rideau de cocotiers et d'arbres à sucre dessinent dans le lointain les sinuosités du stung Sreng qu'on va bientôt atteindre.

Un ruisseau marécageux, gros aux pluies, le au Krechâp, né au pied des collines, conduit leurs eaux au stung Kompong-kassan. Après qu'il a coupé le chemin, le sol se relève davantage. Jusque-là, l'inondation du Lac est encore très-sensible; au-delà, en dehors des débordements du stung Sreng, le pays n'est guère couvert que pendant une quinzaine de jours chaque année par les eaux du Tonlé-sap; leur niveau y dépasse rarement un mètre.

Une route, commencée à Kombo, passe entre les collines; elle a Liep à gauche, et, à droite, Treloc puis Sompeuh. Son ruban sablonneux, facile dans ce trajet à voir d'un seul coup d'œil, s'en va jusqu'à Teucthio au milieu des rizières.

Chef-lieu d'un arrondissement dont dépend Kombo et auquel a été réuni celui de Svai-chec (manguier, bananier), Teucthio n'est point une ville, mais seulement le plus fort des nombreux villages parsemés dans le pays connu sous son nom.

Ses maisons, 150 ou 200, se suivent sur la rive droite du stung Sreng et vont, en la descendant, joindre celles de Snail-lâa (beau snail, nom d'un ficus) qui, lui, en compte une cinquantaine.

C'est l'époque où l'on entasse dans les magasins les grosses provisions de riz qui, aux eaux hautes, descendront vers Battambang ou Pnom-penh. Ces magasins, sur les murs en torchis de quelques-uns desquels on a, en relief, fait de grossiers dessins, sont clos à défier rats et moineaux; élevés comme les cases sur de longs pilotis, ils sont plus soignés qu'elles.

Des Chinois en petit nombre habitent le pays; les uns, la minorité, sont cultivateurs; les autres, des marchands, parcourent les campagnes, achetant leurs produits.

Chaque année, plusieurs troupes de chevaux sont dirigées sur Battambang; ceux qui les conduisent vont souvent, pour les vendre, au-delà de Pursat.

Des bœufs en troupeaux nombreux, les premiers rencontrés depuis Battambang, paissent çà et là dans les rizières. Ils ont, lorsque les eaux les chassent de la plaine, les collines pour ressource.

On les nomme dans le pays bœufs siamois. Ils sont de la petite race laide, commune dans les campagnes khmers, et qui fournit l'approvisionnement des boucheries de Cochinchine. C'est par opposition aux incomparables bêtes appelées bœufs cambodgiens que le peuple leur a donné le nom de l'ennemi héréditaire.

Le bœuf siamois est de tous les travaux, il vit de 12 à 20 ans; le meilleur se vend 15 piastres sur les bords du stung Sreng.

Le bœuf cambodgien, si l'on en croit les paysans, atteint 40 à 50 ans; il n'a point de prix : celui qui le possède ne le vend que forcé. Il est de l'attelage d'un bonze ou d'un mandarin riche. Un village est aussi fier d'en offrir une paire à sa pagode que de lui présenter un jeune éléphant mâle.

La disposition élégante, la finesse, les proportions de ses cornes font de sa tête un chef-d'œuvre; quand, emmenant un char, il passe au trot, grand sur ses jambes grêles, beau autant qu'un coursier, il a sur lui tous les regards.

Les Cambodgiens sont très habiles à faire au couteau des clochettes en bois dur à leurs bêtes, ils n'en savent faire de trop belles pour les bœufs khmers, et celles qu'ils pendent au cou de ces superbes animaux sont souvent de vrais objets d'art.

Ils disent que la race est de la forêt, et que ceux qui l'habitent viennent par intervalles l'empêcher de s'éteindre dans les troupeaux des plaines.

IX.

Se détourner un moment de sa route pour visiter un point intéressant du pays est une des distractions les plus agréables qu'on puisse se donner en voyage.

A Teucthio, c'est pnom Kombatt ou Kompatt (montagne plate) que les habitants indiquent comme étant à voir.

L'idée d'y monter fut à peine émise qu'un vieillard, un savant du lieu vint s'offrir pour guide.

« Moins de 100 mètres à escalader, dit-il, pour voir étalé sous vos yeux avant de le quitter le curieux pays laissé en arrière; la grande plaine herbue, ses îlots, ses rivages! Le temps est clair, on verra très loin; il n'est pas dans ce canton-ci de plus séduisant but de promenade. »

La hauteur est en face du village, sur l'autre rive; elle est, comme tous les soulèvements de cette plaine, absolument isolée dans l'alluvion; son ascension est facile. Lorsqu'on fut au sommet, le guide, semblant convaincu que toutes ses paroles avaient grande valeur, s'exprima ainsi :

« Les hauteurs au Nord sont les pnoms Dang-reck, on les « nomme aussi très souvent pnoms Veng (montagnes longues), « et beaucoup, visant l'apparente unité de leur direction, les « appellent Pontatt (règle), comme les Siamois.

« Dang-reck est le nom du bâton flexible qui nous sert à « porter, suspendus à ses extrémités, des fardeaux sur l'épaule. « C'est à la ressemblance que les Cambodgiens voient entre les « courbes de ce bâton et les inflexions du faîte de la chaîne « que les hauteurs doivent d'être ainsi dénommées.

« Ce ne sont pas des monts comme les autres: lorsqu'à leur « sommet on est parvenu, un plateau immense s'étend vers le « Nord couvert de hameaux et de grands villages, coupé de « rivières, quelques-unes salées, taché de forêts toutes si épaisses « qu'on n'ose les fouiller.

« Pour les peuples divers : Laotiens, Khmers, Kouyes, qui « vivent à leur base ou bien les habitent, elles sont les Kao- « vong (montagnes cercle) ; ils disent par ces mots que, dans « son ensemble, le plateau affecte la forme arrondie.

« Si vous ne les aviez sous les yeux, ces différents noms « vous les montreraient.

« En les regardant, les gens du pays qui savent le passé se « surprennent parfois prononçant ces mots : Cherang-sremot « (les bords de la mer).

« Autant leur arrive pour les pnoms Krevanh (1) étendues au « Sud et dont l'un des groupes nommé Thma-angkiang dépasse « les autres, juste en face de nous.

« Sauf quelques-unes, les collines, les petites hauteurs soulevées çà et là, semblant les relier, ne se voyaient point.

« La puissance d'un saint qui vivait ermite sur des rochers, « là, tout droit au Sud, maintenant Bam-nân, a tout bouleversé.

« C'est une longue histoire, je l'ai vue écrite; son titre : « Réachkol, est connu de tous ; le livre devient rare, je vais « vous en faire un court abrégé si vous m'écoutez » :

Riches marchands de Thma-angkiang (2) ayant du sang royal, les parents de Réachkol conduisirent leur fils à un ermite célèbre pour qu'il l'élevât dans la sagesse et les sciences et en fît un homme capable de marcher de bonne heure dans la vie.

Le religieux n'était pas seul dans sa retraite, Néang Roum-say-sack (la jeune fille aux cheveux dénoués), qu'il avait, petite, trouvée sur une fleur de lotus fraîche éclose, y grandissait sous sa garde.

Retournant au pays, son éducation terminée, l'élève emmène Roum-say-sack, à laquelle, en la lui donnant comme femme, le

---

(1) Krevanh, nom cambodgien du cardamome *(amomum ?)* qu'on trouve abondant sur la chaîne.

(2) Thma-anhkiang, pierre, muraille.

vieillard a fait présent d'un incomparable bijou pour maintenir ses longs cheveux.

Réachkol quitte peu après parents et compagne, et, vers les rivages de Korat (1), va vendre le chargement d'un navire que son père lui équipe.

Là, en abordant, il voit et aime tout d'abord Néang (2) Mika, plus jeune fille d'un vieux roi, qui se baignait.

Celle-ci ayant de son côté remarqué le jeune voyageur, n'entre pas dans une trop grande colère, lorsqu'une nuit, en dépit des gardes, franchissant les murs du palais, marchant sur les suivantes endormies, il pénètre jusqu'à sa couche, venant près d'elle soupirer.

Ce n'est qu'après leur mariage que Réachkol ose lui avouer qu'il a en son pays une épouse, complétement oubliée du reste.

Ils sont néanmoins heureux trois ans, puis la jeune femme devenant mère, croit, comme son mari le lui démontre, qu'il serait bon qu'il s'en allât, pour donner richesses à l'enfant, aux côtes de l'Est échanger sa pleine grande barque de marchandises.

Bientôt le navire chargé part. Mika, fort occupée à l'encombrer de provisions, toute aux dernières caresses, tout entière aux adieux, songe seulement l'ancre levée qu'il se pourrait qu'elle soit trahie.

Elle court, par une angoisse subite étreinte, vers un très haut édifice d'où l'on domine au loin la mer, et en atteint le sommet à l'instant même où Réachkol, ne se croyant pas surveillé, abandonne le chemin de l'Est pour courir à toutes voiles au pays où son retour rendra le bonheur à sa famille et à Say-sack.

De grosses larmes tombent de ses yeux sur ses seins nus, gonflés de lait. Voilà donc tous ses rêves d'heureux avenir détruits!

Tandis qu'elle songe à son enfant, la plus farouche colère vient lui troubler la raison.

Sûrement, elle va bien savoir empêcher celui-là qui brise sa vie d'avoir joie quand elle a peine.

---

(1) Korat, pays sur les pnoms Dang-reck.

(2) Néang, appellatif poli des femmes et des jeunes filles.

« Atonn », le crocodile que depuis l'enfance elle nourrit, la vengera rapidement et beaucoup mieux que personne.

Incontinent elle lui crie : « Pars, poursuis, atteins, dévore Réachkol qui, pour une autre, me laisse avec mon petit enfant. »

L'absence longue de Réachkol a mis une morne tristesse sous le toit de Thma-angkiang ; Roum-say-sack seule ne croit pas que les flots ont pu lui prendre son mari. L'ami de ses jeux d'enfance reviendra, elle en est sûre, et sera le compagnon des vieux ans.

Chaque jour elle se rend, pour s'y baigner, sur la plage où ont eu lieu les adieux, interrogeant l'horizon ardemment, captivée et longuement arrêtée — au grand ennui des suivantes peu discrètes — par toute voile qui, dans le lointain blanchit, s'approchant.

Ce fut par un très beau jour, air pur et vent frais, qu'elle s'écria toute troublée : « Le voici : ne reconnaissez-vous pas la « barque ; à la finesse de sa coupe personne ne saurait douter. »

Sa joie éclate délirante, on accourt.

« Oh ! c'est bien lui ; voyez-le à l'arrière ! Mais pourquoi ses « matelots sont-ils agités ainsi ? Pourquoi, par ce temps superbe, « grimper aux mâts, redescendre, courir à droite et à gauche « affolés ? Est-ce que d'un danger quelconque le navire a la « menace ? La crainte vient chasser ma joie, j'ai très peur.

« Voilà abandonnés les bateaux à la remorque ; maintenant, on « jette à l'eau les cages où sont poulets et canards.

« Mon cœur, que l'inquiétude tourmente depuis si longtemps, « se brise ; j'aperçois dans le sillage le monstre, cause de leur « trouble. J'ai cru voir venir le bonheur, c'est la mort. »

Dès qu'Atonn a paru, Réachkol a crié : « Cesse de me pour- « suivre, Atonn ; tu ne reconnais donc pas le mari de ta « maîtresse ? »

— « J'obéis à celle qui me nourrit, et ne connais qu'elle. »

Réachkol comprend. Pour accélérer la marche, il laisse au gré des flots les petites barques remorquées, puis, espérant que le saurien s'attardera à manger, lui fait jeter la cage qui tient les poulets, ainsi que celle des canards.

Ces efforts pour échapper ont mis Atonn en fureur; il ne lui faut plus qu'un bond pour atteindre le navire. Se tournant vers le rivage où il reconnaît sa femme, Réachkol, résigné, fait de la main à Say-sack un signe de dernier adieu.

Elle, désespérée, cherche machinalement une arme; faisant crouler en manteau ses cheveux sur ses épaules, elle leur arrache le bijou, stylet d'or, lourd de diamants, don du vieil ermite, et invoquant tout en pleurs son père adoptif, lance vers la bête monstrueuse le précieux joyau.

A vingt pas en avant d'elle, le stylet tombe dans la mer.

Alors, inoubliable prodige! sa pointe au fond à peine a touché le sable, que le sol, chassant les eaux, se soulève et de Thma-angkiang aux Dang-reck se montre nu.

En même temps, la foule attroupée sur le rivage voit Réachkol accourir vers Say-sack du haut d'un bloc de rochers où son navire est resté.

Non loin, sur un autre monticule, Atonn, foudroyé, expire, s'écriant : « Maîtresse, je meurs; vengez-moi ! »

Néang Mika a levé une troupe d'hommes considérable; à sa tête elle est partie et, à mi-chemin de Korat aux pnoms Krevanh, dans l'immense plaine que la mer vient de quitter, au rocher appelé Bunteay-néang (1), elle a planté son étendard, s'est fortifiée, puis a expédié à Réachkol, courrier porteur d'un message appelant Say-sack au combat.

Le défi est accepté; la jeune femme a réuni des combattants en grand nombre; Réachkol la laisse aller, disant : « Adieu et succès. »

---

(1) Bunteay-néang : forteresse de la jeune femme.

Dessiné et gravé par un Cambodgien.

Tha-moeun (1), guerrier vieux mais plein de feu, va en avant reconnaître les forces et la position de Mika.

Celle-ci veille; elle le chasse, le poursuit, ne s'arrête qu'en vue du camp de Say-sack.

Ce début rend inquiète la troupe de Thma-angkiang; il faut toute la fermeté de Tha-kray (2), autre chef d'une grande valeur, pour la mener au combat.

Ce que voyant, Roum-say-sack se rappelle le solitaire: « Fais que je sois le vainqueur, » s'écrie-t-elle, « je te promets pour prier un temple sur ta montagne! »

Puis, couverte de ses bijoux, montée sur un beau cheval comme Mika, elle prend des mains des suivantes les armes superbes qu'elles lui tendent, sabre et lance, et se jette dans la mêlée pour y joindre sa rivale.

Si braves qu'ils soient, les guerriers, sous les bannières des deux femmes, n'ont point leur ardeur, tant s'en faut; aussi, dès qu'elles sont aux prises, s'écartent-ils, songeant, presque tous, à fuir si leur chef a le dessous.

Ce qu'elles se disent d'injures tout en se portant des coups, après s'être regardées (et elles ont été surprises de leur mutuelle beauté, Réachkol ayant à chacune fait un laid portrait de l'autre), ne se peut imaginer.

La fatigue semble sur Say-sack n'avoir pas le moindre effet; on dirait, en la voyant, qu'elle se croit invulnérable. Mika, au contraire, blessée, sent ses forces la trahir. Si ses gens, reprenant le combat, la couvraient un instant, un peu de repos, pense-t-elle, la ferait ensuite quasi sûre de l'emporter.

Elle jette un furtif regard sur les chefs et leurs soldats, devine de l'hésitation, les appelle. Eux, loin de prendre l'offensive et de lui faire un rempart de leurs corps, s'enfuient, point au camp où ils pourraient se défendre, mais dans toutes les directions.

Si d'avance la vaincue ne le savait, les cris féroces que la

---

(1) Tha-mocum : aïeul, dix mille.
(2) Tha-kray : aïeul, million.

victoire fait pousser à Say-sack lui diraient qu'elle n'a point à espérer de merci.

Succombant, près de périr, voilà qu'elle songe à l'enfant laissé au grand-père. Elle veut le revoir encore. Jetant ses armes, elle s'élance, poursuivie, au grand galop du cheval vers les monts.

Il n'était point facile de se cacher dans ce pays neuf, vierge alors de toute végétation. Roum-say-sack atteignit son ennemie dans le Véal-néang-ioum (plaine de la jeune femme en larmes).

Elle l'emmena enchaînée à son camp, l'y tortura à loisir, fit ensuite tomber sa tête qu'au bout d'un fort long bambou on éleva au sommet d'une montagne rapprochée qui prit pour nom Sang-kebal. (1)

Puis, arrachant elle-même au ventre de la morte ses entrailles, les fit hacher très menu par des hommes et jeter au loin sur le sol.

Après quoi s'en retourna triomphante au pays, où elle trouva Réachkol sur le trône, le roi étant mort sans enfants.

Tous deux se rendirent en pompe aux pieds du vieux solitaire et, pour tenir la promesse faite au moment du danger, édifièrent sur sa colline, dès lors appelée Bam-nân (vœu), le superbe temple à neuf tours qu'on y voit.

Depuis cet événement, le nom de Mika est devenu au Cambodge synonyme de concubine.

Comme fatigué d'être assis, le vieux guide se leva ; ses regards se portèrent sur l'horizon, le parcoururent lentement.

« Mon doigt va vous montrer, » reprit-il, « suivez-le, les points restés célèbres depuis l'époque lointaine dont je viens de vous parler. »

---

(1) Sang-kebal, élever tête.

De Thma-angkiang remontant presque droit sur Teucthio, il indiqua successivement Bam-nân avec son temple ruiné, pnom Say-sack, où le solitaire prit l'enfant sur le lotus. « Il y a, prétend-on, sur cette colline, prolongement de Bam-nân, une mine d'or qu'on n'exploite plus. »

Se contentant de nommer pnom Sampou (mont du navire) et pnom Krepeuh (mont du crocodile), où Atonn et la barque sont restés, il s'arrêta devant Kompear, extrémité Nord-Est de Sang-kebal, et reprit : « Les deux tours élevées sur ce mamelon sont œuvre, l'histoire l'ajoute, du fils de Néang Mika. Devenu grand et roi, ayant appris de l'aïeul son malheur, il y vint faire une pieuse fête funèbre.

« On dit qu'il déposa ce qu'il put trouver des restes de sa mère sur la hauteur centrale des montagnes de Sysophon, raison pour laquelle elle porte le nom de Néang Mika.

« Cependant, au sujet de cette sépulture, je n'ose rien affirmer, les livres siamois prétendant que Say-sack fit porter les jambes de sa rivale à Kha-néang (jambes de la femme), la mâchoire inférieure à Bang-kang (rivage de la mâchoire) et le tronc partagé en huit morceaux à Petriou (huit tronçons).

« Le dernier de ces points, sis tous trois dans les pays que régit aujourd'hui Siam, est une ville de la province de Sasong-sao. Les deux autres sont des villages peu éloignés de Pékim ; les gens qui les habitent disent que, comme preuve indiscutable, ils ont des reliques sous la main.

« Il est beaucoup d'autres lieux que j'omets volontairement, ne voulant pas surcharger votre mémoire de noms sans grande importance, mais je veux vous faire connaître Bunteay-néang, le petit rocher entre Sang-kebal et nous, où Mika se fortifia ; on l'appelle aussi Kré-néang (lit de la jeune femme), parce qu'elle avait d'un creux du roc fait sa couche.

« Il s'y trouve une inscription qu'il faut que vous alliez voir ; les savants de votre pays pourront peut-être la lire.

« Ceci n'est-il pas étrange? La pierre Kiéram-po (1), sur laquelle les entrailles furent hachées, se promène, vagabonde

(1) Ventre haché.

(elle est fort reconnaissable aux marques qu'y ont laissées les couteaux) : tantôt l'un de nous la voit près du lac ou d'un marais, le lendemain un autre la trouvera sur la route ou sur un mont. »

X.

Soulèvement de calcaire coquillier, Bunteay-néang, formé de deux blocs unis; l'un, plus haut de moitié que l'autre, a à peine 20 à 30 mètres d'élévation; quelques grands arbres qu'il porte et ceux entourant sa base lui donnent, dans la plaine nue, des proportions trompeuses.

Les abords sont loin d'être séduisants; une couche croissante de limon couvre le sable que cachait la mer autrefois. Jusqu'aux approches du rocher des broussailles, des grandes herbes, blanchies de poussière fine, sont le seul vêtement du sol.

A la base du côté sud, un hameau du même nom a ses cases dans des jardins; un gros ruisseau, fangeux dans la sécheresse, le joint, aux pluies, au stung de Mongkol-borey.

Trois ou quatre prêtres boudhistes ont leur maison délabrée sur le plus petit sommet que des lézardes profondes, de très larges déchirures, des crevasses ornent, comme l'est aussi le plus grand, des lianes et des petites plantes nées dans l'humus dont elles sont aux trois quarts pleines.

Des blocs de grès fin, les uns sculptés, les autres simplement polis, gisent çà et là. Près de la case des bonzes, un jeune manguier tient la place d'une ruine disparue qui y chancelait encore, au dire de ces derniers, il n'y a pas bien longtemps.

Dans la muraille que forme la partie haute du rocher en dépassant à pic cette première élévation, une grotte très étroite, sans apparence curieuse, s'enfonce de quelques mètres. Là une anfractuosité du roc qu'on ne remarque qu'autant qu'on vous la montre, est le Kré-néang, le lit dont parle le roman que le guide a esquissé.

Sur le sol, une douzaine de statuettes bois ou grès, mutilées, sont adossées aux parois qu'un suintement calcaire fait luire. Dans les creux et dans les fentes sont placées en grand nombre des petites tasses point couvertes; elles sont à demi remplies des

ស័ក្ខុស្តុំ ១
លុ ច្សៀមេះ
ជៅ តម្សូស
តាលាក្ដោល
ភាត់ល្អា
លោមុំតា
មុំតាកេុំប្រុ
ត់ឆ្នៅនុំភ្
ឡូជាំមុំគ្រូ

នមោស្តុបារមាច
ល្យាយ៍លោន
ម្លោជុំនុំម្បៀណ
ភ្យុំមុក្តលយខ្យ
កេគ្គូបោម្ព្ទុំ
ភក្លោនន្លដៃ
កាគាតាមេ
ឆាជុំខ វ្យប
តាឡ្យាលេ

តាំចំឆាម្លុំស្តៅតាសំ
ប្រែលាយលើសើមខាគ្រឡា
យល្បស់ស្វាប្បបាត្រស្ស
ពោធិសប្តុរប្រុំភឡប្ប
មុនត្រូវផសសំអ្វុយះ
ឬទ្វចន្តាត្រគេខែបុ

ត្រូវឆាមាត្រាំស្រូចមុំឆះ
ក្រេវលោចំឆុកដុគូរ ១
ស្បាសោសោតោគូរត្នផ្កា
ស្តំហំឡោមស្តខាដ្ដំពោ ១
តោត្រស្បចកដុំគូរម
ស្បាប់តាគុខយទុំលើះ ១
គ្នាឆោត្រស្បាកាល្បឆាំ

ភគវាត្យោ នមោស្តុតេ

យស្សាសែមេត្យសទ្ធ្ភា ស្វទ្ធម្ពា ឧបេ យុប៉ះ ១

អស្ដុត្រិភូវ ន ចាគ្រោ យោគិំនយំ ទាំគ្រុតាះ

ទស្សំណាំឧបោមហាវន្ដេ សំត្យផាលោបំនំម្មុផះ ១

យស្សមាតាមយោភត្យ

ossements calcinés et des cendres des gens que la mort prend au hameau.

Au milieu, isolé des statues sur une grande pierre taillée plate et jetée horizontalement sur le sol, une stèle de grès fin est debout, soutenue par un caillou.

Devant elle, les restes de petites bougies salissent son piédestal; il porte sur une de ses faces, l'autre est nue, une figurine en relief qu'encadre l'inscription suivante :

SIDDHI SVASTI. (1)	BONHEUR PARFAIT.
1. Namostu parâmâthaya. Vyomânallaya yo dardho. [nâ. Dharmmasambodhi nirmmâ- Kâyârthe lekya muktaye.	Honneur à celui qui soutient et orne le firmament, c'est lui qui préserve, qui possède la science de la loi; il est la création; il a marqué de son signe les êtres qu'il veut délivrer.
2. Bhâti lokeçvaro mûrdhnâ. Yo mitâ bhangi nandadhê. Mita raçmi prakâçânâm. Arkendvor darçanâ diva.	A la nuée qui brille devant lui et qui, en nous abreuvant, fait nos délices, il a mesuré son étendue; il a limité dans son éclat la lumière des astres qui resplendit devant sa face aux portes du firmament, et nous laisse apercevoir le ciel.
3. Jnâ pâramittratâkhyâye. Bhagavatye namostu te. Yasya sametya sarvajnas. Sarvajnâ tvamûpeyupah.	Honneur à Baghavat (au glorieux) pour avoir connu les bienfaits de la vertu; tu es omniscient, Baghavat; ceux qui te fréquentent deviennent omniscients en ta compagnie.
4. Asti Tribhûvanavajro. Yogî vinaya viçrutah. Darsanîyo mahâ nago. Nitya dânopinirmmedah.	C'est le yogî (ascète) Tribhûvanavajro, exercé dans la discipline, respectable, grand dignitaire toujours appliqué à faire des donations;
5. Yasyâmâtâmaher bhatrae. Çtrî nâmâ çrî Indravarmanah. Tithi nâmnî dadau dâsî. Çreyortha jagadiçvare.	Son grand-père maternel, nommé Çri, ministre de Çri Indravarman, offrit une excellente esclave à un jagadçvara.
6. Priyâye somavajrâkhya. Syâlo lokçvarandadau. Yasya sisthapya pâtresminca. Hivyomanavaiikite.	De même son beau-frère chéri, Somavajra, offrit un lokeçvara qu'il plaça et dédia sur son piédestal en l'an 908.

(1) La traduction de cette inscription est due à M. Schmitt, missionnaire français à Siam.

7. Tena pûrwa pratishthâpya. Gotrasya jagadiçvaram. Munîndrajanani bhrtyah. Sthâpitâgaviyadvilaih.	Sa famille, autrefois, érigea un jagadiçvara et lui (Tribhûvarnavajro) une munindrajanani qu'il fit ériger en 907.
8. Purwa wattatra deveput. Utvâ gotrasya kalyanâ. .... (1)	Dans une première naissance il fut deveput (prince), sorti d'une illustre famille......

XI.

Le stung Sreng, né d'un gros torrent et d'une foule de ruisseaux, sort de la partie centrale du plateau des Dang-reck.

Sa largeur à Teucthio est de 25 à 30 mètres sur 6 de pro fondeur.

Il coule vers le stung Sangké, et pour l'atteindre à Péam-sraul, en face de Péam-sema, au tiers de la distance du lac à Battambang, traverse le pays de Sang-kéak et sépare la province de Siemréap qu'il a sur sa rive gauche de celles de Chong-kal, de Pnom-sroc et Battambang.

On l'appelle souvent stung Teucthio et quelquefois, lorsqu'il s'agit de la portion inférieure de son cours, stung Sraul; mais la dénomination du stung Sreng ou stung Spéan-sreng est bien plus généralement admise.

Ceux, à Teucthio, qui précisent indiquent Kantroc-kann (veau, en langue kouye) comme le point habité de sa rive le plus proche des hauteurs.

Ainsi que les villages de Pongro-prong, Chong-kal, Chœungteen (flambeau) et Spean-khmeng (pont des enfants), les pre-

---

(1) Il manque deux vers pour finir la dernière strophe; ils sont sur la pierre presque complètement effacés.

Note du traducteur de l'inscription. — L'inscription est en sanscrit. Parfaitement corrects, les vers sont tracés de main de maître et pleins de poésie. Le mètre est l'anushtubh, qui a huit pieds; les strophes sont de quatre vers.

Son origine est due probablement à la construction d'un temple; la princesse qui fait sculpter ces vers les dédie à Indra. Tout dans l'inscription semble indiquer ce dieu, le vejra, le soma-breuvage, le nom de l'aïeule qui, en sa qualité de sectatrice d'Indra, porte le nom de Çri-Indravarmmanat.

miers que, sur la droite, on trouve plus bas que lui en descendant le stung, Kantroc-kann appartient à la province de Chong-kal.

Sauf Chong-kal le chef-lieu, l'importance de ces bourgades est mince; la province au reste semble en avoir très peu, elle prend de ce dernier endroit son nom, qui serait une corruption de celui d'un roi du passé légendaire (Prom-kel). Des ruines sont connues sur son territoire. Quelques chinois établis à Chong-kal commercent.

Sleng-narin, Cheroui-néang-nguon, Sleng-thavet et Poy-svai se suivent sur la rive gauche et dépendent de Siemréap, arrondissement de Kralanh.

Sur l'autre berge : Rouk, Spean-sreng, Kauk-pongro font partie de la province de Pnom-sroc; le premier joint par ses champs et ses cases à Rompéa, à Cherap, à Lamtau, trois villages éloignés de la berge, est leur débouché.

Tout petit ce pays de Pnom-sroc, mais absolument plein d'intérêt : quinze ou vingt villages au plus; des traces du Grand Passé partout. C'était, lorsque Siam mit la main sur Battambang, un canton de cette grande province. Un richard de Korat obtint qu'on l'en détacha et en fut nommé gouverneur. L'administration du pays est encore aujourd'hui dans les mains de sa famille.

A partir de Kauk-pongro, les hameaux se succèdent, appartenant ceux de gauche à Kralanh, ceux de droite à Teucthio. L'attention est surtout attirée, avant cette ville, par Char et, au-dessous d'elle, par Anlong-saà, deux villages annamites; le premier sur le bord droit, le second sur les deux rives. Celui-ci, depuis peu né, en voie de prendre de l'importance, compte déjà plus de 1,000 habitants.

Péam-sraul au confluent est, sur la rive gauche, insignifiant ; il doit son nom à un arbre commun sur les rives dans ses environs, rare dans le reste du pays et dont le bois était autrefois particulièrement utilisé pour faire les palanquins ; on en fait maintenant surtout des manches de faucilles.

Le véritable entrepôt du stung est Péam-séma, agglomération considérable formée surtout de marchands chinois et d'annamites pêcheurs sur les deux rives du stung Sangké au confluent. Les vapeurs de Cochinchine le dépassent en remontant la rivière de Battambang.

Le stung Sreng est navigable jusqu'à Spéan-sreng, aux pluies pour les grandes barques, pour les petites en toute saison. Il se voit préférer les plaines de ses rives pendant tout le temps qu'elles sont, chaque année, couvertes par les eaux, cela non-seulement à cause du courant et pour abréger le trajet, mais aussi parce que les branches des arbres, les bambous deviennent gênants, rendent même la circulation impossible aux jonques un peu fortes sur la rivière lorsqu'elle atteint un niveau élevé. En le franchissant, on entre sur le territoire de la province de Siemréap divisée en trois arrondissements dont les chefs-lieux sont Kralanh, Siemréap et Roluos.

Kralanh, en descendant le cours du stung, est à une demi-heure de Teucthio sur la rive opposée; chef-lieu de l'arrondissement formé, comme on l'a vu, de la partie ouest de la province de Siemréap, c'est un grand et riche village. Ses cases, entourées d'arbres à fruits, de palmiers, sont sur la berge ou très près, chacune ayant presque à sa porte un magasin en torchis pour le riz. Ses champs s'étendent jusqu'au loin dans la plaine.

Snail-Laâ (beau Snail, nom d'un ficus), à mi-chemin, doit son nom à l'arbre dont l'ombre est sur ses premières cases; gros hameau sur la rive droite sans importance particulière, il relie les deux chefs-lieux qui, si rapprochés et ainsi unis, forment en réalité une petite ville, centre commercial de la région, que les gens du Sud appellent Teucthio, que ceux de l'Est appellent Kralanh.

Aussitôt la rivière gonflée, les grandes barques échouées le long du trajet, entre ces trois points, commenceront le transport du riz emmagasiné; elles l'amèneront à Péam-sema aux vapeurs de Cochinchine s'ils ont commencé la campagne, ou le porteront directement à Pnom-penh. D'autres barques viendront de Battambang à l'aide, celles-ci ne suffiraient pas; les magasins sont pleins bien loin en remontant le stung.

Le grand village annamite d'Anlong-sâ, cité plus haut, étant sur les deux rives, dépend en grande partie de l'arrondissement de Kralanh ; aussi il est bien rare qu'on ne rencontre quelques-uns de ses habitants aux abords de la case du chef de ce district.

Ce sont de nouveaux arrivants rêvant la fortune ou cherchant simplement des champs qui ne s'achètent pas, ou des marchands de bois venus demander des papiers pour, remontant le stung, s'en aller dévaster la forêt. Ils sont d'infatigables bûcherons ces ex-pêcheurs du Grand-Lac, et savent avec adresse se renseigner sur les arbres géants auxquels les indigènes des bords des forêts ne touchent point, par ordre quand ce n'est pas par crainte superstitieuse.

Ceux-ci sont là pour un radeau.

Le passage d'un Français leur fait visiblement plaisir ; ils sautent sur le bagage, nettoient la case de repos, aident le cuisinier, repoussent avec un curieux sans façon les Cambodgiens venus pour installer le voyageur, semblant leur dire : « Vous ne voyez donc pas qu'il est de notre pays ? Son service, c'est notre affaire. Éloignez-vous. »

Puis se mettent à leur aise, s'accroupissent ou s'asseyent : « Moi, je suis de Sadec, ceux-ci sont mes amis, et ils sont de Cantho. Savez-vous l'annamite ? Nous parlons un peu cambodgien. Ce pays est devenu le nôtre ; nous sommes très contents de faire votre rencontre et serions au possible heureux de vous servir.

« Nous avons la saison dernière, du haut du stung, descendu un radeau ; il est échoué ici depuis. Pour l'emmener avec les eaux prochaines, il faudra acquitter un droit ou donner en payement plusieurs de nos colonnes ; nous n'avons pas d'argent et voudrions payer, ce serait moins coûteux. Voulez-vous nous aider ?

« En échange du prix, acceptez cette boule blanche et ces griffes, nous les avons gardées de la dépouille d'un ours tué en coupant nos bois.

« Il était ivre, ayant sans doute mangé tout le miel d'un essaim ou une fourmillière, et nous a fort surpris, car, fuyant d'habitude, il a foncé sur nous.

« La boule se forme quelquefois dans la tête de ces bêtes. En trouver une est rare ; elles sont très recherchées. Celui qui l'a en poche n'a pas à craindre les fusils de la guerre, non plus ceux des pirates. Voyez-la, elle est blanche et veinée comme l'ivoire ; assez mal arrondie, elle a précisément la grosseur des balles de vos armes de chasse. »

Dès qu'on sort des rizières de Kralanh, le pays, entre ce point et Plang, n'est plus cultivé, cesse d'être habité. Le sol, par endroits nu, plus souvent couvert de grandes herbes, parsemé d'arbres sans valeur, de bambous, de broussailles, s'offre aux charrettes sablonneux, sec pendant la belle saison ; aux pirogues légèrement noyé à l'époque de la crue. Pas un ruisseau à enjamber dans les 25 kilomètres du parcours, et la moitié de l'année, les bêtes des attelages n'ont pour se rafraîchir d'autre eau que celle boueuse de rares mares.

Chaque fois qu'un cours d'eau doit se présenter, il est longtemps avant d'être atteint, dénoncé aux regards par la garniture d'arbres de ses rives. Les aréquiers, les cocotiers, les arbres à sucre, nombreux plus que les autres, en même temps qu'ils promettent une rivière, disent combien ses bords sont peuplés. Le rideau vert du stung Plang se perd au nord et au sud à l'horizon, c'est donc une succession de villages et de hameaux que cachent ces grands arbres.

Le stung Plang sépare l'arrondissement de Kralanh de celui de Siemréap.

Comme le stung Sreng, il a sa source aux pnoms Dangreck ; comme lui encore il est affluent du stung Sangké ; il a son confluent à Daun-oc, hameau sur les deux rives, à petite distance du Lac.

On trouve, en le remontant à partir de ce dernier point, les villages de Chieye (rive droite), Pressat (rive gauche), Putrea (rive droite), Plang (rive droite), Kauk-chas (rive droite), Thmey (rive gauche), Tha-chieye (rive droite), Tha-seng (rive droite), Daun-méo (rive droite), Sroc-bat (rive gauche), etc.

C'est entre ces deux derniers que se forme le au Thomat, sorte de canal navigable aux pluies qui conduit au stung Sreng une partie des eaux du stung Plang, et dont le confluent avec cette rivière se trouve entre Rouk et Spéan-sreng, villages dont il vient d'être question.

Le stung Plang est en moyenne large de 10 à 15 mètres, profond de 5. Dès que les pluies cessent, son fond de sable est jusqu'à leur retour à peine humecté par un mince filet d'eau.

Quatre kilomètres avant qu'on soit au gîte, Plang est en vue, d'autant mieux qu'à ce moment on entre dans les champs des riverains tous cultivés en rizières et absolument nus. Le village est sur la rive droite; sa population, 3 à 400 personnes, est la plus forte agglomération des bords du stung.

Quelques plantations de tabac, d'arachides, de bétel, des jardins de légumes entretenus par des métis chinois; ils sont là une quinzaine, occupent une partie des terrains entre cases et berge, vont même jusque dans le lit demi-sec de la rivière.

Quoique debout depuis trois ans et qu'elle n'ait plus dès lors été l'objet de soins, la maison de repos est encore parfaite; elle contraste par son élégance avec les constructions ordinaires de ce genre, en général simplement suffisantes; aussi bien, elle n'a pas été faite pour loger les passants. On l'utilise.

Seule case que les habitants aient conservée des baraquements d'une sorte de camp qu'ils avaient dû préparer pour recevoir, au passage, les troupes envoyées par le gouvernement siamois à la poursuite de Si Votha, prince cambodgien révolté, elle était destinée au chef de cette petite armée.

Celui-ci, le Phya-kiéron, avait auprès de lui un missionnaire français, M. Rousseau, précédemment directeur du collège de Banchang (Siam).

L'expédition ne dépassa point Siemréap et fut en tout six mois sur pied. Composée de 600 soldats, elle était augmentée de 3 ou 400 serviteurs et avait pour les bagages 90 éléphants avec une infinité de chars et de charrettes.

L'histoire de cette révolte, de cette campagne, serait intéressante, certainement instructive; nous n'en connaissons généralement que l'épilogue auquel les troupes françaises prirent part.

Questionnés sur la composition de la partie militaire de l'expédition siamoise, on est surpris d'entendre les gens du pays répondre : « Les soldats étaient des Annamites, des Laotiens, des Cambodgiens, prisonniers de guerre ou leurs descendants, enrégimentés ; on peut presque dire qu'il n'y a pas de Siamois soldats. »

De Plang à Muk-penh, distance 14 kilomètres, pendant lesquels le terrain, même plaine qu'avant le stung, est à peine boisé, plus de brousses et de bambous que d'arbres, point de cultures sauf les quatre ou cinq champs maigres des trois ou quatre familles formant à mi-route le hameau de Sva-hul.

Comme on le voit, entre ces différents lieux de halte les distances sont très irrégulières : 25 kilomètres de Kralanh à Plang, 14 de Plang à Muk-penn ; Puoc, le suivant, est à 15 kilomètres de ce dernier et à 18 de Siemréap. Des relais (chars et piétons), y sont organisés pour le service du gouvernement.

Muk-penn n'est ni près d'une rivière, ni au bord d'un ruisseau ; un petit étang conserve suffisamment d'eau et la garde assez pure jusqu'à la fin de la sécheresse pour les besoins du village.

Rarement les groupements d'habitations dans l'intérieur des terres ont l'apparence aisée de ceux situés le long des cours d'eau ; on croirait celui-ci très pauvre, à peine quelques rizières, une trentaine de cases délabrées plantées çà et là près de leurs champs respectifs. La difficulté des transports par des chemins mauvais diminue à ce point la valeur des produits du sol qu'on se contente le plus souvent de ne lui demander que le strict nécessaire.

A Muk-penn comme à Plang, la maison de repos actuelle est due au passage du Phia-kiéronn ; à 100 mètres de l'étang, à 200 du village, sur le chemin, elle est par quelques arbres si bien cachée aux cases qu'on l'en croirait fort isolée.

Le silence d'aujourd'hui contraste avec le bruit qui s'y fait d'habitude ; ces maisons sont presque toujours garnies et les voyageurs indigènes ne reposent point sitôt le repas pris, la moitié au moins de la nuit se passe à jaser, à dire des contes, à conter des légendes, cela un peu par goût et beaucoup pour veiller aux bagages et aux bêtes.

Le guide, auprès du feu, semblait désirer l'occasion de parler ; un jecko dans la toiture est bruyamment venu la lui offrir :

« Il appelle un serpent habitant comme lui le toit des cases « et que nous nommons *po-také* (serpent du jecko), et le pré- « vient que c'est le moment de venir lui enlever du gosier une « excroissance charnue qui causera sa mort si le serpent tarde « trop. » Puis, se voyant écouté : « Il l'attend parfois plus « d'une semaine », ajouta-t-il. « Celui-ci n'est pas toujours là ; « quand il vient, le jecko écarte les mâchoires, fait sa bouche « très grande, le serpent y introduit la tête, enlève l'excrois- « sance, la mange et se retire.

« Nous ne chassons pas de nos demeures cette bête inoffen- « sive ; beaucoup de gens en comptent les appels ; de leur nombre « ils augurent bien ou mal. D'autres prennent sa chair comme « remède pour faire disparaître les plaies dont les chevaux ici « sont quelquefois couverts ; au riz que mangera l'animal ma- « lade, ils mélangent un jecko haché très menu : la guérison ne « fait pas doute. »

L'idée vient de rapprocher de ce que croient les Cambodgiens ce qu'un voyageur disait il y a 200 ans (1) :

« Il s'y trouve encore deux sortes d'insectes très dangereux », écrivait-il en parlant du royaume de Siam : « le *cent-pieds,* ainsi « nommé parce qu'il a réellement cent pieds ; il est noir et long « d'un pied ; son venin est au moins aussi pressant que celui « du scorpion, mais il n'est pas si terrible que le toquet (jecko), « ainsi appelé parce qu'à certaines heures de la nuit il crie « fort distinctement, à plusieurs reprises : *tocquet, tocquet.* Ce « mot fait dans son gosier une espèce de fredon qui est fort « désagréable. Sa morsure est mortelle si on n'a soin de cou- « per immédiatement la partie du corps qu'il a mordue. »

Peu à dire sur le pays entre Muk-penn et Puoc ; solitaire comme eux, il ne diffère point des terrains précédents ; sa monotonie le montre laid, elle allonge en quelque sorte la route. On s'est rapproché du lac. En de nombreux points, son inondation rend, à la fin de la saison des pluies, le trajet difficile à l'excès.

On connaît dans la contrée, sous le nom de Puoc, non-seulement ce village, mais tout un groupe de bourgades l'entourant et

---

(1) *Histoire naturelle et politique du royaume de Siam,* par Coronelli, 1687.

nommées Somrong, Te-tauch, Knat, etc. Leurs habitants obéissent à un chef unique; du reste, leurs champs se touchent, leurs cases se mêlent.

Les petits cours d'eau nommés stung Te-tauch et stung Puoc, bras de la rivière de Siemréap, ne sont point navigables; ce sont de gros ruisseaux, et les pirogues échouées çà et là près des maisons ou sur les rives servent, surtout à l'époque des pluies, le lac lorsqu'il dépasse son enceinte d'arbres, venant jusqu'à Puoc sans l'inonder fort.

Être sans transition arrêté, fin de la sécheresse, par ces petits stungs coulant à pleins bords, comme si à torrents l'eau était tombée depuis plusieurs jours; voir partout les gens occupés à noyer les champs de leurs eaux limpides et à les couvrir de beau riz tardif, une première récolte étant achevée, est une grosse surprise après la région qu'on a traversée; elle fait que sans peine l'attention se porte sur un vrai jardin qu'on a devant soi.

C'est par des barrages dans la rivière de Siemréap, dont les eaux coulent toujours abondantes, qu'on donne ce niveau aux petits bras de Puoc et Te-tauch.

Un riche endroit, ce coquet canton; le riz s'y récolte deux fois dans l'année. En attendant la première moisson, les hommes marchent au Nord, vont vers la forêt — elle est assez proche — chercher ses produits : cires, résines, huiles, bois. Pendant que la seconde mûrit, ils font du sucre de palme.

En dépassant les terres cultivées, la plaine redevient déserte, reste un peu humide; des troupes de grues antigones s'y promènent attentives : c'est un plaisir de regarder ces grands oiseaux gris à col rouge fuir dès qu'ils se voient vus.

La forêt se forme ensuite, mais ce n'est pas la vigoureuse végétation des grands bois à demi aperçus de Puoc, descendant des Dangreck; son sol extérieur, du sable le plus souvent, laisse cependant supposer qu'il couvre une couche végétale forte lorsqu'il montre les magnifiques *cherei* semés sur le chemin. A part ces géants dont la sève n'est pas utilisée, aucune essence de valeur n'est à portée de l'œil dans le trajet. On peut cependant citer les kandol communs aussi dans les régions boisées précédentes, et dont l'écorce presque sans préparation est, dans tout le Cambodge et Siam, employée pour séparer, vrai tapis très épais, du dos des bêtes, le bât des éléphants.

D'autres ruisseaux plus petits encore, échappés au stung Siemréap, donnent leurs eaux à deux villages aux portes de la ville, dont les gens sont aussi occupés à la seconde récolte ; également intéressants, ceux-ci ont, tout autant que Puoc, droit à l'admiration que, vu le premier, il a si bien su toute prendre, et se nomment Krai et Techas.

Dès qu'on quitte le dernier, Siemréap se présente.

Chef-lieu administratif de grosse importance, Siemréap n'est pas une ville, si on l'entend dans l'acception ordinaire du mot ; une population restreinte, formée en majorité de fonctionnaires et de leurs serviteurs, est disséminée le long du stung, sur un espace relativement considérable. Mieux connue des promeneurs européens que Battambang, grâce à ses incomparables ruines, elle est loin, au point de vue commercial surtout, d'approcher cette dernière.

Cette ravissante succession de cases cachées sous les orangers et les aréquiers, ornant de ses élégantes constructions cambodgiennes et de ses jardins les bords de la rivière, n'a même pas de marché.

Tout comme celui de Battambang, le pays est cambodgien et l'administration en est complétement entre des mains khmers. Bon nombre de Chinois et d'Annamites y sont fixés, il ne s'y trouve pas de Siamois.

Siemréap faisait au commencement du siècle partie du territoire de Battambang ; le même gouverneur qui livra cette dernière province à Siam put également lui livrer l'autre et eut sur elle l'autorité. Ce fut en 1846 que le Chao-kun-bodyn, le général siamois dont il a déjà beaucoup été parlé, jugea prudent d'amoindrir l'importance de ce gouvernement et lui ôta Siemréap, comme il venait de lui enlever Pnom-sroc (1) et Sysophon (2).

Pour ce qui est des provinces cambodgiennes sur lesquelles Siam a mis la main en dernier lieu et qui vont joindre les rives

(1) Voir page 132.

(2) Petite province au Nord-Ouest de Battambang.

du Mékong (Prey-sath, Tonlé-repou, Melou-prey, Stung-treng), ce ne fut qu'en 1814 qu'elles furent enlevées au Cambodge. En 1847, le gouvernement Thaï crut utile de s'en faire donner la cession écrite par le gouverneur de Compong-soai, de qui elles relevaient; la guerre avec les Annamites était terminée, le Bodyn était parti; on craignait sans doute son retour. Soit faiblesse ou trahison, le gouverneur mit son cachet au bas de l'écrit. Les renseignements manquent sur les autres annexions : Suren, Sou-kam, Sang-kéa, etc.

Quoiqu'il n'ait pas paru à Siemréap, le chef siamois y a son souvenir vivant. Il avait envoyé un de ses lieutenants y élever l'enceinte fortifiée dans laquelle sont actuellement les logements du gouverneur et de son personnel. De proportions moindres que la citadelle de Battambang, cette forteresse avait, comme celle-ci, été mise debout pour arrêter l'envahissement des Annamites.

Lorsqu'après la fuite du prince cambodgien Ang-em et de la population de Battambang (1839), le Bodyn vint reprendre la campagne contre ces derniers, ce fut par ses ordres qu'eut lieu le massacre général de ceux déjà établis, nombreux, dans le pays.

Ils avaient, par suite, disparu si complétement qu'en 1856 un Européen étant arrivé en barque à Siemréap, la vue de ses rameurs annamites, descendus à terre avant lui, causa un véritable effroi; on crut à une attaque; on s'enfuyait lorsque, s'apercevant de leur petit nombre et qu'ils n'étaient pas armés, les hommes du village se jetèrent sur eux, allaient leur faire un mauvais parti quand, par sa présence, le voyageur vint mettre fin à l'erreur.

Les familles échappées au massacre avaient fui vers la province de Kompong-soai; également traquées de ce côté, elles marchèrent vers le Laos et les bords du Mékong et s'y établirent. La mission de Lagrée trouva leurs villages en pleine prospérité.

Le Bodyn mourut du choléra en 1849. C'est à lui qu'on doit la route de Kabin à Sysophon et le canal de Bangkok à Bangkanat. Destinées à faciliter les communications et les transports en vue des guerres avec les Annamites, ces utiles voies n'ont plus, après sa mort, été l'objet de soins.

Il se nommait Sinh; mais, à Siam comme au Cambodge, il n'est pas convenable d'employer le nom propre pour désigner une personne pourvue d'un titre, et ce n'est pas sans peine qu'on parvient à l'arracher aux craintifs campagnards, tremblant au souvenir du guerrier siamois devenu légendaire.

La rivière de Siemréap va directement au Grand-Lac; elle prend naissance dans ce même plateau des Dang-reck d'où viennent les stungs Sreng et Plang.

On l'appelle surtout stung Prey-sath dans la partie haute de son cours, du nom d'une province qu'elle traverse d'abord. Les gens du pays disent que l'eau de sa source principale sort du rocher par la bouche d'un Bouddha colossal, le Pra-kepou (le Bouddha se rinçant la bouche).

L'inondation n'atteint pas Siemréap, mais, dans la mousson pluvieuse, la rivière couvre ses bords de 20 à 30 centimètres d'eau deux ou trois fois l'an.

Dans l'autre saison, elle n'est guère praticable qu'aux très petites barques du Lac au chef-lieu, aux pirogues au-delà.

Ses eaux, cependant, sont relativement abondantes : elles coulent, au plus fort de la sécheresse, rapides entre des berges hautes, à Siemréap, de 3 mètres, mettant sur une largeur de 35 à 40 mètres une nappe d'un pied, très claire sur le sable du fond.

Il est intéressant de voir comme les riverains utilisent, pour l'entretien de leurs plantations, l'abondance du débit, la rapidité du courant. On a déjà vu comment, pour leurs rizières, les villages depuis Puoc en tirent parti; ici, la hauteur des berges exige qu'on aide la nature.

Aussitôt que, les pluies terminées, le stung a repris son niveau normal, chaque propriétaire aisé place dans le lit de la rivière, tout auprès de la berge et devant son terrain, une roue de 4 à 5 mètres de diamètre, semblable à peu de chose près à celles de nos moulins; à chacune de ses palettes un récipient, tube en bambou ou autre, est fixé immobile. En bas, le récipient s'emplit, en haut, il se vide; précisément à ce moment où le mouvement de la roue l'ayant amené au sommet de l'axe va le faire descendre et commence à incliner son ouverture, l'eau s'en échappe et va tomber dans une sorte de gouttière placée à distance suffisante de la roue pour n'en pas gêner le mouvement et permettre au liquide rejeté de l'atteindre. L'eau ainsi recueillie est dirigée par des conduits dans les jardins, les plantations où les rizières.

Ce système d'irrigation n'est pas pratique partout, soit en raison du peu de courant, d'un débit insuffisant, de la hauteur des berges, etc. L'appareil qui vient d'être décrit n'est au Cambodge en usage que sur les bords de quelques stungs, le Prec-thenot près de Pnom-penh et le stung Chirreo à Oudon, entre autres.

La rivière n'est pas, sous ce seul rapport, une ressource pour ceux dont les cases en sont proches, elle est, en raison du voisinage du Grand-Lac, extrêmement poissonneuse. En dehors des pêcheries établies nombreuses à la fin de son cours, il faut voir, à Siemréap par exemple, les soirs de nuit obscure, l'animation qui règne entre ses berges : femmes, jeunes filles, enfants, une torche d'une main, une longue fourchette dans l'autre, de l'eau jusqu'aux genoux, font, grâce à la limpidité du courant, une pêche abondante en menant gros tapage.

A l'embouchure, des Annamites avaient, le mois d'avant, fait une pêche curieuse et d'un tout autre genre en fouillant dans les vases pour planter les piquets d'une nouvelle installation. Un lit en bois de kranhum (1), totalement recouvert de bronze finement travaillé, ayant — c'était sûr, disait-on — été une couche royale, avait été retiré par eux de la boue et offert au gouverneur de la province ; celui-ci venait de l'expédier à Bangkok pour le faire figurer à l'exposition qu'on préparait dans cette capitale (2).

XII.

Le tribut d'étonnement et d'admiration payé aux ruines d'Angkor souvent décrites depuis Mouhot, si le but est d'atteindre Stung-trang sur le Mékong, en passant par Kompong-thom, chef-lieu de l'arrondissement de Kompong-svai, on a le choix entre

---

(1) Kranhum (Dalbergia), en annamite trac.

(2) Exposition de 1882.

une route terrestre possible aux charrettes à bœufs et aux éléphants, à travers les arrondissements de Sautonikom (Siam), Chakreng, Stung et Kompong-svai (Cambodge), et la traversée du Lac.

Cette dernière voie exceptée, il n'y a pas à songer dans la sécheresse aux vapeurs réguliers qui, dans l'autre saison, sillonnent le Toulé-sap. Les eaux sont trop basses, surtout aux passes du Véal-phoc, pour permettre même à une chaloupe d'y circuler. On doit prendre une barque menant directement à Kompong-hao au pied des monts Néang Kang-rey, arrondissement de Kompong-leng, à moins que, craignant d'avoir une traversée monotone et dépourvue d'intérêt, le voyageur ne préfère remonter le bas de quelques-uns des cours d'eau tributaires du bord gauche et aller changer de barque aux villages importants, peu éloignés des limites du Lac, relais habituels pour le service des gouvernements siamois ou cambodgiens, lieux de ravitaillement pour les pêcheurs et où se trouveront sans trop de peine petits bateaux, coolies et vivres.

Le temps dépensé à remonter et descendre les rivières est largement regagné en ceci que, grâce au renouvellement fréquent des rameurs, la nuit n'est pas une cause d'arrêt.

Les visiteurs européens vont peu à Angkor à l'époque sèche de l'année, les difficultés du voyage sont considérées comme plus grandes, il exige surtout trop de temps dans des conditions matérielles point commodes.

Le trajet de Siemréap à Kompong-sedam, gros village près de l'embouchure de la rivière, s'accomplit de préférence en char ou en éléphant, ces modes de transport rendant plus facile la course aux ruines du mont Krom, colline aride du haut de laquelle on peut d'un seul coup-d'œil embrasser tous les contours du Lac réduit à ses plus petites dimensions.

De Kompong-sedam à Kompong-hao (arrondissement de Kompong-leng), avec une barque à deux avirons, par exemple, et en courant les risques que peut offrir le Lac, lorsqu'au lieu de longer ses bords on va droit d'un point à un autre, 50 heures de marche, déduction faite des arrêts obligés pour changement de bateau, recrutement de coolies, etc.

En voici le détail : de Kompong-sedam à Kompong-phlouc, 5 heures ; de là à Komphong-cham, 6 heures ; puis, à Kompong-stung-cherou, 12 heures ; aux villages de l'embouchure du stung Sen, 17 heures, et à Kompong-hao, 10 heures. Kompong-chhnang est en face de ce dernier point ; on aurait chance d'y trouver une chaloupe si on voulait regagner Pnom-penh pendant la saison de la pêche, cette ville étant desservie plusieurs fois par semaine par des petits vapeurs de commerce.

Kompong-sedam (rivage de droite) est un village insignifiant en temps ordinaire, la pêche le fait gros : elle le transforme en une sorte de campement, il n'existe que par elle. Chaque année, on reconstruit les cases quand l'inondation, en se retirant, a laissé le sol nu. Aux autres mois, les quelques familles qui y vivent se logent dans leurs barques, tandis que la majeure partie de ses habitants va s'installer ailleurs. Il en est de même de la plupart des nombreux centres formés dans les mêmes conditions. Il y a des exceptions rares, Kompong-phlouc (rivage de l'ivoire) en est précisément une.

Situé à 15 minutes de l'embouchure du stung Roluos, il a ses cases debout sur des pilotis de 3 mèt. 50 cent. à 4 mètres, si frêles, qu'on se demande comment ils peuvent, pendant l'inondation, résister à la première bourrasque. Les échelles, les clayonnages servant de planchers sont en si mauvais état qu'on n'ose monter s'asseoir sous les toits des pêcheurs cambodgiens qui, eux, s'y trouvent fort à l'aise.

Le stung Roluos, aussi appelé stung Sasset, naît dans les pnoms Coulen, rameau détaché du plateau des Dang-reck. Il est peu important et n'a à cette époque presque plus d'eau ; il sépare l'arrondissement de Sautonikom de celui de Siemréap. Roluos, la résidence du gouverneur actuel et centre le plus important du district, se rencontre à 2 heures en le remontant. Les villages seraient assez nombreux sur sa rive et dans l'intérieur. Le pays passe pour bien cultivé et livre au commerce une assez forte quantité de riz.

La rivière de Kompong-cham est autrement sérieuse. Frontière actuelle dans la partie basse de son cours entre les royaumes du Cambodge et de Siam, on trouve d'abord, en dehors des nombreux campements de pêcheurs établis à son embouchure ou sur ses berges, le fort village de Kompong-kléan. A une heure du lac, sur la rive droite (côté siamois), il a une immense plaine de rizières derrière ses cases. Les habitants se préparent à la pêche, depuis quelque temps commencée dans les rivières peu profondes; elle ne l'est pas encore dans le Lac, ni dans celles-ci (premiers jours de mars).

A partir de Kompong-kléan, le stung s'élargit, atteint plusieurs fois près d'une centaine de mètres avant d'arriver à Kompong-cham. Dans le trajet, il se montre très animé; à chaque instant, on dépasse ou on croise d'assez grandes barques; presque toujours montées par des Chinois, elles sont chargées de sel, de cotonnades et d'objets d'un écoulement facile, le tout destiné aux échanges du riz et du poisson dans les villages cambodgiens.

Kompong-cham est à une heure au-delà de Kompong-kléan, sur la rive gauche, il appartient par conséquent au Cambodge et dépend de l'arrondissement de Chakreng. C'est un centre assez fort; une demi-douzaine de jonques sont en construction sur la berge. Le courant dans le stung devient ici sensible et permet de lui supposer un débit d'une certaine importance. Ainsi que pour la plupart des autres affluents de cette rive du Grand-Lac, les renseignements manquent sur le haut de son cours; le peu qu'on en a, montrent le pays riche en riz; bon nombre des grands bateaux qui, aux eaux hautes, amènent le paddy de l'intérieur à Pnom-penh, viennent de Kompong-cham. Les vapeurs de Cochinchine ont plusieurs fois mouillé à l'entrée de la rivière, mais soit insuffisance de fret, soit faute d'entente préalable avec les marchands, ils n'y ont pas trouvé un chargement rémunérateur.

On rentre au Grand-Lac par la même voie, c'est-à-dire en redescendant le stung. Il n'en est pas ainsi à Kompong-stung-cherou, 12 heures plus loin, village d'égale importance, dans le même arrondissement, sur la rivière de ce nom dont on trouve l'entrée après avoir successivement dépassé celles de plusieurs petits cours d'eau nommés prec Mât-khla, prec Mohat, prec Chong-kiel-khla, prec Bung-veng.

Le prec Stung et le prec Béang viennent après le stung Kompong-cherrou; leurs cours sont parallèles au sien.

Le Stung Kompong-cherou est lié au prec Stung par une sorte de canal naturel. Le prec Stung débouche dans un étang nommé Tonlé-chhma ; cet étang est en communication avec le prec Béang par un canal analogue au premier; en quittant Kompong-cherou, on suit cet itinéraire et on arrive au Lac par le prec Béang.

Le prec Stung est le plus considérable des trois ; il donne son nom à la province qu'il arrose et a, près de son embouchure dans l'étang, le village de Péam-rang, agglomération de pêcheurs.

Le Tonlé-chhma a 4 ou 5 kilomètres de diamètre; comme le Grand-Lac dont il est, avec le pays qui l'entoure, une fraction à demi-conquise par la forêt, il n'a pas de berges et les grands arbres qui l'enceignent ont encore leurs pieds noyés au mois de mars.

Outre les voies du stung Kompong-cherou et prec Béang, il communique avec le Tonlé-sap par quatre autres arroyos, les prec Cha-kret, Bac-dao, Péam-bung et Crah.

L'aspect de l'étang, cette nuit-là, était singulier et curieux : littéralement couverte de cette crême verdâtre qui, entraînée vers la mer pendant la sécheresse, tache et salit si souvent le fleuve du Lac et le fleuve Postérieur, sa surface, éclairée par une lune éblouissante, renvoyait une clarté bizarre, les ombres des grands arbres du bord s'y miraient prolongées à l'infini, simulant des entrées de rivières, trompant les rameurs à demi-vaincus par le sommeil, les forçant à attendre le jour pour trouver la sortie.

Cependant, les gens des bords du Lac connaissent admirablement le champ qui les nourrit, ils ont des repères que nous ignorons : chaque avancée d'arbres formant pointe et appelée Cheroui, a, si petite qu'elle soit, un nom particulier; chaque enfoncement faisant une baie insignifiante et désignée par le mot Chhung, a aussi le sien.

Il n'est pas facile de décider les rameurs à marcher directement de l'entrée du prec Béang sur celles du stung Sen. « Avec cette pirogue, disent-ils, si le vent se lève, nous sombrerons. » Cependant, il n'y a guère plus de deux mètres d'eau, profondeur uniforme.

Le stung Sen est un des grands affluents du Tonlé-sap, il parcourt le pays de Kompong-svai, on l'y retrouvera plus loin; il a trois embouchures ayant chacune un fort village sur ses bords.

Ceux-ci, nommés Phat-son-day, Sen et Méang, ont, à cette époque de l'année, une animation extraordinaire, leur population est plus que triplée, bon nombre de pêcheurs qui n'ont ni cases, ni barques, sont par troupes campés sur des îlots, sur des grands bancs à sec.

On entre alors dans le Véal-phoc (plaine de boue) ; ici, la profondeur est moindre, la pêche est en pleine activité, la vase, en maintes places, est à découvert; encore quelques semaines et on sera forcé, pour circuler, de faire glisser sur cette boue presque liquide barques et pirogues.

Kompong-hao, que l'on atteint ensuite et où la marche en barque cesse, est la plus forte agglomération de l'arrondissement de Kompong-leng. Au bord du fleuve du Lac, tout près de l'entrée du Véal-phoc, on s'y occupe aussi principalement de pêche.

A courte distance de la montagne de Néang Kang-rey, il a, comme celle-ci, un nom historique dans le pays (rivage des appels); celui de Kompong-leng (rivage de l'abandon), qui l'est du reste aussi, ne désigne pas, contrairement à l'habitude, un lieu habité, mais, le bord de l'eau, du pied de la montagne jusqu'à la limite du district.

C'est une curieuse légende celle dans laquelle ces trois noms-là ont place.

De même que la tradition cambodgienne attribue, ainsi qu'on l'a vu dans le roman de Réachkol, le retrait, la disparition finale des eaux de la mer de cette partie du pays cambodgien à un soulèvement du sol entre les pnoms Dang-reck et les pnoms Krevanh, de même elle donne à un affaissement de date plus récente la formation du Lac.

XIII.

Voici une brève analyse de la légende se rapportant à cet événement :

Néang-pitondop (les douze jeunes filles) est le titre de la première partie; son analogie avec le conte du *Petit Poucet* est si étroite qu'on se demande de suite si l'origine n'est pas commune.

Un pauvre bûcheron, père de douze filles, jumelles deux par deux, poussé par une atroce misère, soumit à sa femme cette idée : « Nous ne pouvons voir plus longtemps nos enfants souffrir avec nous les tortures de la faim; si j'allais les perdre dans les bois, les génies, j'en suis sûr, écoutant nos prières, les prendraient sous leur garde. »

Et quelques jours après, la femme ayant cédé, il mena ses filles vers la forêt pour chercher du bois mort et les abandonna.

Conduites par Néang-pou, la plus jeune, elles retrouvèrent leur route et revinrent à la case ; le père les perdit de nouveau.

Une reine de Yacks les rencontra mourantes, leur montra son palais, leur offrit un asile. (Les Yacks sont des personnages mythologiques se nourrissant de chair humaine.)

Cette reine se nomme Santhoméa; elle est veuve et a une fille tout enfant.

Elle ordonne qu'on s'empresse autour du troupeau humain qu'elle amène, veut qu'on y veille de près, se promettant de succulents repas après quelque temps de bons soins.

Au bout d'un séjour assez long pendant lequel les Néang-pitondop ont grandi, sont devenues d'admirables jeunes filles, Santhoméa commande qu'on égorge l'aînée, et, pour se mettre en appétit, monte sur un éléphant et va se promener.

Un rat blanc creuse un trou sous la muraille du palais, prévient les douze sœurs du sort qui les attend et, au moment où l'ogresse passe la grande porte, les fait fuir et leur indique un chemin sûr.

Santhoméa, à son retour, entre dans une folle colère, roue de coups ses gardes et lance, mais en vain, ses serviteurs à la poursuite des enfants du bûcheron.

Elle ne tarde pas à apprendre qu'un matin les esclaves du roi d'Angkor, venant à une fontaine pour y puiser de l'eau, les ont vues endormies sur les branches d'un grand arbre où, harassées de fatigue, elles ont passé la nuit; que le roi, prévenu, épris de leur beauté, leur a ouvert toute grande la porte de son harem; qu'elles sont ses favorites.

La reine des Yacks confie son enfant à ses gens, prend la forme d'une éblouissante princesse et vient s'asseoir près de la même fontaine. (Les Yacks ont la faculté de se transformer à leur gré).

Elle est, comme les Néang-pitondop, conduite devant le prince, supplante sans peine les naïves favorites et obtient du monarque inconstant qu'elles seront descendues dans une citerne abandonnée.

A l'insu du roi, elle exige des gardes chargés d'exécuter l'ordre qu'avant de les descendre dans le caveau on leur arrachera les yeux.

Puis ne les perd pas de vue dans le tombeau où elles vivent. Toutes y sont entrées enceintes. Santhoméa veille à ce qu'on ne leur donne qu'une nourriture insuffisante; elle les en prive même totalement pendant la période des couches, et les malheureuses dévorent, à mesure qu'ils naissent, les enfants les unes des autres.

Seule, Néang-pou parvient à sauver le sien : elle déclare qu'il est venu au monde mort et présente comme preuve, à ses sœurs affamées, des restes en putréfaction qu'elle avait mis de côté.

Soit par ruse, soit par un oubli des bourreaux, Néang-pou a conservé son œil droit; elle rend mille services aux aveugles; aussi, lorsqu'un peu de subsistance arrive, — Santhoméa se croyant sans doute débarrassée des enfants, — toutes, au comble de la joie, se privent pour élever l'enfant dont leur sœur leur fait connaître l'existence.

Elles le nomment Rot-thi-sen. Adolescent, il parvient à sortir à volonté du caveau et y rentre sans être vu.

En jouant avec les autres enfants, il gagne ce qu'il faut pour acquérir un superbe coq de combat qui, toujours vainqueur, donne à son maître, par ses succès, le moyen de rentrer le soir courbé sous les provisions.

Depuis longtemps déjà l'abondance est dans l'abominable prison, quand un jour Santhoméa, attirée à sa fenêtre par le bruit que fait la foule autour d'un combat de coqs, examine Rot-thi-sen et, lui trouvant une ressemblance qu'elle ne peut pas s'expliquer, le fait suivre, puis le lendemain appeler à son palais.

Elle a, lui dit-elle, un écrit important pour une région lointaine, et le choisit pour courrier. Si le résultat montre son intelligence, sa fortune sera grande.

On le couvre d'habits princiers; il part à cheval et seul.

Un jour, harassé, Rot-thi-sen dort sous un arbre; un ermite passe, s'approche, prend au cou du cheval le tube de bambou dans lequel se trouve la lettre, brise le sceau et lit l'écrit.

Adressé par la reine des Yacks à sa fille, il ne contient que ces mots :

« Sitôt ce jeune homme arrivé, fais-le tuer. »

Le Solitaire déchire la missive et la remplace par celle-ci:

« Sitôt ce prince arrivé, épouse-le. »

Et replaçant habilement le sceau, il continue son chemin.

Néang Kang-rey, gardée par les Yacks dans le palais de sa mère, est une adorable enfant à l'étroit dans ses jardins.

Elle éprouva un grand trouble le matin où le bruit fait par Rot-thi-sen à la porte dont on refusait l'entrée, l'amena en face de lui.

Celui-ci, de son côté, à sa vue se sent tout interdit; descendant de cheval, il salue, met l'écrit sur le plateau qu'on présente et suit vers la grande salle son incomparable guide.

Assis en face l'un de l'autre, très émus, ils s'inquiètent certainement peu du contenu de la lettre que, devant tous, un vieux serviteur va lire.

La lecture est à peine faite qu'un tumulte joyeux éclate; en un instant, à l'exemple de la jeune fille, le palais tout entier est aux pieds du nouveau maître.

Les longues cérémonies terminées, le gracieux couple s'échappe, disparaît sous les grands arbres : Néang Kang-rey veut montrer à son mari ses jardins immenses, leurs pièces d'eau, les édifices sans nombre dont ils sont tout parsemés.

Leur promenade va s'achever lorsque la compagne de Rot-thi-sen s'arrête indécise, très inquiète devant la porte close d'une petite case isolée.

« La dernière fois que ma mère est venue ici me voir, elle m'a dit : « S'il t'arrive de révéler le secret enseveli sous ce toit, le malheur et la mort seront sur nous. »

La clé tremble dans sa main; Rot-thi-sen la rassure : « N'ouvre pas, contente-toi de me dire ce que cache la maison. Si j'avais été ici lorsque ta mère t'a quittée, elle m'en eût bien sûrement aussi confié la garde. »

Elle se rapproche de lui : « Sur une table, dans un vase d'argent doré, les yeux de douze jeunes femmes sont pêle-mêle; un flacon à côté contient le remède qu'il faut pour les faire revivre et les remettre à leurs places.

« Entre le vase et le flacon, le bâton magique de ma mère sépare les yeux du remède. »

Le visage de Rot-thi-sen subitement s'inonde de larmes. « Qu'as-tu, maître, » lui dit-elle, « aurais-je donc dû me taire? »

Surmontant son émotion, il l'entraîne.

Et le soir, en mangeant, l'enivre, l'endort, s'empare de la clé, puis des yeux, du remède et du bâton, et s'enfuit après avoir déposé un baiser sur le front de l'innocente fille de la reine Santhoméa.

A son réveil, Néang Kang-rey monte à cheval et, suivie d'une foule de serviteurs, court sur les pas de son mari.

Celui-ci, dès le début de sa fuite, a rencontré l'ermite qui, une fois à son insu, s'est intéressé à lui.

« Marche à ton but, » fait le Solitaire, « si ta femme vient à te joindre, souviens-toi que le bâton de Santhoméa permet de franchir l'espace. Si tu crois utile d'arrêter toute poursuite, jette sur le sol le petit rameau que voici. »

La jeune femme fit une telle diligence qu'elle ne tarda pas à atteindre Rot-thi-sen.

Lui, l'apercevant, saisit le bâton de la main droite, lance son cheval dans l'air, puis l'arrête, se retourne et dit un dernier adieu à celle qu'il veut oublier.

Néang Kang-rey jette des cris déchirants, le supplie de l'emmener; s'il refuse, elle marchera sur sa trace.

Rot-thi-sen, sans répondre, reprend sa course et, les yeux humides, le cœur brisé, laisse tomber sur la terre le petit rameau de l'ermite.

Au même moment, jusqu'aux pieds de la jeune femme, le sol s'affaisse sur une immense étendue; en un instant l'eau d'innombrables rivières fait un lac du bassin ainsi créé.

Rot-thi-sen arrive au palais du roi son père, se fait connaître, démasque la reine des Yacks, lui donne sa forme première, grâce au bâton magique, et la tue.

Puis court rendre la vue aux douze sœurs et les ramène triomphantes au harem, où elles retrouvent la faveur d'autrefois.

Les instances du roi pour garder son fils unique furent inutiles; il quitta tout pour se faire religieux.

Tant qu'elle aperçut son mari, Néang Kang-rey l'appela du bord du lac; lorsqu'il eut complétement disparu à l'horizon, elle renvoya ses serviteurs et se coucha pour mourir sur la rive, au pied d'un arbre.

XIV.

Pou, important village au Nord des pnoms Néang Kang-rey et à leur pied, est la résidence du chef de l'arrondissement de Kompong-leng.

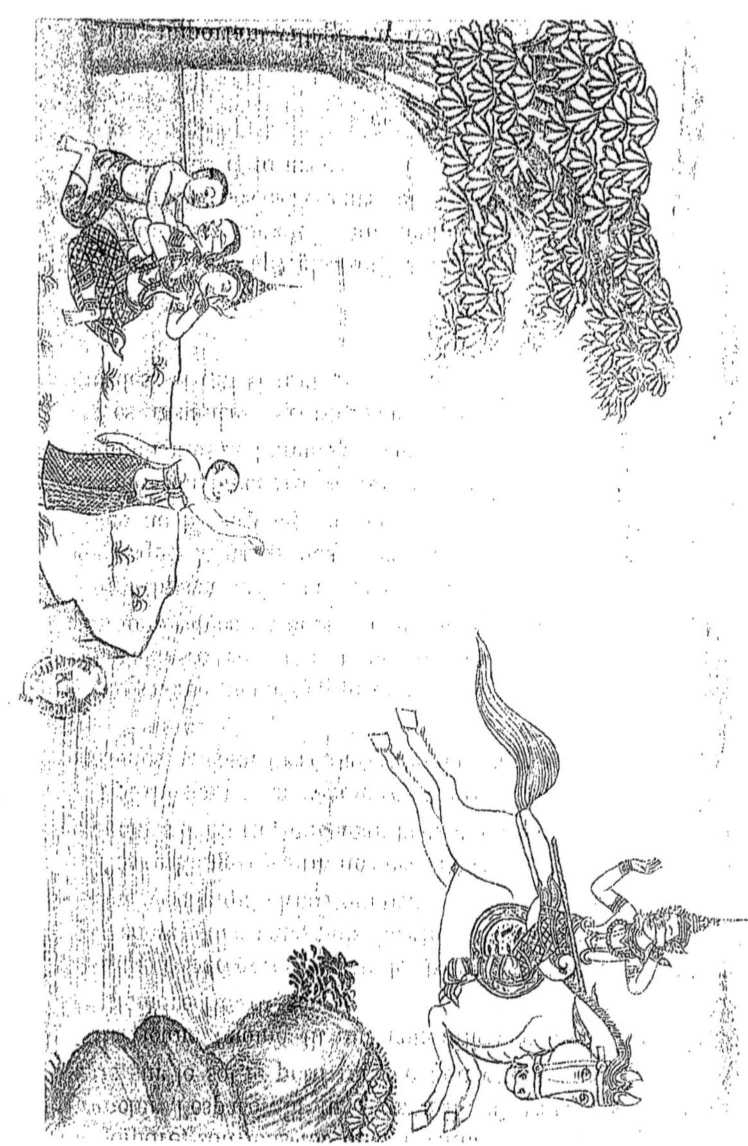

De Kompong-hao, pour s'y rendre, on met deux heures en char à bœufs. La plaine entre ces deux points est fortement inondée à l'époque de la crue, elle est couverte de grandes herbes et point cultivée à partir de Pou-andett, hameau à un quart d'heure du lieu de départ groupé autour d'une pagode, mise à l'abri de l'inondation sur un terre-plein de plus de 2 mètres.

Pou, autant qu'on en peut juger en se rendant de Kompong-hao à Kompong-thom, chef-lieu de l'arrondissement de Kompong-svai, et d'après les renseignements, est à peu près le centre de la partie peuplée du district. Son nom est celui du *ficus religiosa,* arbre très commun dans toutes ces régions. Les terrains sont cultivés dans ses alentours, des champs de tabac, de maïs, etc., vont jusqu'à la base des petites collines prolongeant Néang Kang-rey.

Il faut, de là, marcher deux jours pour atteindre Kompong-thom.

La première partie de la route s'accomplit d'abord sur un sol inculte, souvent couvert de pierres, entre les collines appelées communément pnom Kompong-leng et qui, outre les pnoms Kang-rey, comprennent les hauteurs de Trang, Bonn, Ponneray, Kieytat, Lemea et Tuk-méas.

Ces montagnes sont en général très peu élevées. Si les indigènes distinguent dans chacun des petits groupes un certain nombre de sommets insignifiants qu'il serait long d'énumérer, c'est surtout à cause des ruines de la « grande époque » qui y sont nombreuses ou des légendes qui s'y rattachent.

Le trajet offre un véritable intérêt au milieu d'elles ; de temps en temps le guide montre à droite ou à gauche, sur les hauteurs, une tour écroulée, un autel renversé. Un monument assez bien conservé, debout à l'extrémité de pnom Touc-méas, est particulièrement remarquable.

En sortant de l'espèce de défilé formant la route dans cette portion du pays, on retrouve les terres cultivées, et les trois villages de Kiénoc, Pum-kandal et Télo-thom se succèdent presque sans transition.

Éloignés d'une égale et assez forte distance des stungs Sen et Chinit, rivières dont il sera plus loin question, ils ont ceci de particulier que, quoique n'étant pas sur un cours d'eau, ils respirent la plus grande aisance et ont autour d'eux des cultures relativement importantes.

Le Bung-thom (grand marais), sur la droite, est le commencement d'un terrain différent; ici l'inondation se fait sentir, prend entre elle et le fleuve le terrain qu'on vient de traverser, forme de ces monts une île et va s'étendre au Nord jusqu'au-delà de Kompong-thom.

Il y a 22 kilomètres de Telo-thom, le dernier des villages, au Bung-sedao, autre grand marais presqu'à sec sur les bords duquel quelques pêcheries abandonnées se voient encore. On ne trouve pas un hameau dans le trajet; dans ce désert, le sol est parfois légèrement boisé, il est le plus souvent couvert de grandes herbes et rappelle les plaines de Svai-don-kéo à Battambang.

Le Bung-sedao sépare, en cet endroit, Kompong-leng de Kompong-svai.

A mi-chemin du marais à Kompong-thom (10 kilomètres environ), se trouve Sedao, le premier de toute une série de hameaux et de grands villages qui, sous des palmiers, s'étendent vers l'Est; leur ligne est la route qu'on suivra pour gagner le Mékong en partant de Kompong-thom.

Kompong-thom (grand rivage) est sur la rive gauche du stung Sen; on y arrive sans avoir, depuis Pou, traversé de cours d'eau. Ses cases arrêtent les grandes herbes.

Une enceinte palissadée d'un peu plus de 100 mètres de côté, construite pendant la dernière révolte du prince Si-vatha, contient les maisons du gouverneur et de ses gens; mais celui-ci, comme bon nombre d'habitants, loge dans une grande barque sur la rivière. Le village est nu, absolument dépourvu d'arbres ainsi que la plaine; les hameaux sur l'autre rive, en face ou à sa suite, sont autrement coquets.

Le stung Sen, aussi appelé stung Kompong-svai, est une grosse rivière sortie des pnoms Dang-reck pour se rendre au Véal-phoc par trois embouchures nommées, comme on l'a vu, Péam-phot-sen-day, Péam-sen et Péam-méang.

Il a ici environ 80 à 100 mètres de large; il lui reste, au milieu de mars, une nappe large de 20 ou 30 mètres, profonde d'un pied, coulant rapidement sur le sable.

Les berges sont hautes de 6 à 7 mètres. En dedans du lit de la rivière, leurs pentes, lorsqu'elles ne sont pas à pic, sont couvertes de plantations de tabac, de jardinets sur une longue étendue. Les barques servant d'habitations sont échouées sur les bancs de sable.

Kompong-thom est un centre administratif d'une certaine importance, mais il ne répond pas, sous d'autres rapports, à l'idée qu'on s'en fait généralement, lorsqu'on songe au superbe cours d'eau navigable aux canonnières une partie de l'année, qui, en l'unissant au Tonlé-sap, le met en communication avec Pnom-penh, et surtout à la proximité des mines de fer exploitées par les indigènes, dont on a jusqu'ici mis si inutilement en évidence la richesse sans pareille.

Pas de marché, pas de commerçant chinois ou indigène ayant des ressources suffisantes pour amener les produits de l'intérieur à prendre ce débouché. Cependant, le pays n'est pas sans être intéressant en dehors des mines; on recueille entre autres choses, au Nord dans ses forêts, une assez grosse quantité de gomme-gutte; des Chinois venus de Stung-trang viennent l'échanger contre des cotonnades, etc. Leurs achats terminés, ils reprennent la route du Mékong.

Les pnoms Dèk (montagnes du fer) sont à une assez grande distance sur la droite du stung Sen, voie qu'il faudrait suivre pour les transports si une exploitation était entreprise; la colline la plus rapprochée de la rivière en est à 30 kilomètres. C'est dans celle-là que M. Garcerie prit, en 1875, le minerai qu'il envoya au cabinet de chimie générale du Conservatoire des arts et métiers et aux hauts-fourneaux et forges de Ria (Pyrénées orientales), et dont les analyses ont été publiées par M. l'ingénieur Boulangier dans le nº 10 des *Excursions et Reconnaissances*.

La route de Kompong-thom à Stung-trang est une ligne presque droite dont on s'écarte à peine pour toucher aux nombreux villages de son parcours.

Quatre jours de marche sur un terrain partagé en portions égales entre les trois arrondissements de Kompong-svai, Barai et Stung-trang.

Un seul cours d'eau important, le stung Chinit, qui a pour affluents presque tous les stungs qu'on rencontrera aussi bien sur sa rive droite que sur la gauche.

Le chemin ramène d'abord tout près de Sedao, dernier village vu avant d'arriver à Kompong-thom, traverse ses rizières, puis successivement celles de Somrong, Seyao, Pum-iouc, jolis groupes d'habitations sur la droite, au bord du prec Kompong-thma.

Le prec Kompong-thma est à sec dès les premiers mois de sécheresse. Large de 8 à 10 mètres, profond de 2 à 3, il va au stung Chinit; ses eaux viendraient partie des pnoms Sen-touc, qui commencent à se montrer à l'Est, partie du stung Sen ou des marais qu'il forme.

Kreko, Sen-touc et Cherop sont au bord de la route et à égale distance les uns des autres; ils ont chacun de vingt-cinq à trente cases, leurs champs sont des rizières, point d'autres cultures, à peine de très petits jardins près des maisons.

A Cherop, le sol est très mouillé; des petits ruisseaux venus des collines de Sen-touc permettent d'y faire du riz tardif.

Les pnoms Sen-touc sont sur la gauche et allongées de l'Est à l'Ouest, leur base n'est guère qu'à 1,000 ou 1,500 mètres de Cherop; elles sont très basses, régulières, couvertes, d'une luxuriante végétation et ne paraissent pas prolongées vers le Nord.

Entre Cherop et Kompong-kassan, gros village auquel on passe ordinairement la première nuit, s'étend une plaine inculte littéralement couverte pendant plusieurs kilomètres d'une petite plante ayant l'odeur et l'apparence du thym, quoique plus développée; les Cambodgiens l'appellent morech ansay, poivre de lièvre. C'est la seule fois, depuis Pnom-penh, qu'il s'en est trouvé sur la route. Trang-kassan a une centaine de cases sur la rive gauche du stung du même nom.

Celui-ci, affluent du stung Chinit, vient des pnoms Sen-touc; large de 12 à 15 mètres, il a encore un demi-pied d'eau. Deux ou trois petites barques, poussées sur le sable par les rameurs, sont dirigées vers le bas de la rivière et montrent qu'à peu de distance la profondeur s'accroît, permet la circulation.

Pum-pressat, dans un pays magnifiquement cultivé, est à trois kilomètres de Trang-kassan. Toutes ses cases sont isolées.

Il doit son nom à une tour en brique sculptée, en parfait état de conservation, à laquelle les bonzes de l'endroit ont adossé leur pagode.

Le monument a une dizaine de mètres de hauteur; sa porte, faite de trois blocs de grès fin taillés à angles droits, est ornée de bas-reliefs sur la face extérieure.

L'entablement porte une délicate ornementation; sur la colonne de droite, un prince est figuré l'épée à la main; sur celle de gauche, une princesse tient une fleur de lotus. Ces deux derniers bas-reliefs ont 1 mèt. 30 cent. de hauteur et sont, ainsi que le premier, parfaitement intacts.

En dedans de la porte, sur la colonne de droite, une inscription a un grand nombre de ses caractères effacés.

En quittant Pressat, on laisse les terres cultivées pour côtoyer sur la droite, dans une plaine un peu boisée, le bung Moung, grand marais dont les eaux sont au plus bas; sitôt celui-ci dépassé, le paysage se transforme.

Le stung Chinit coule à l'extrémité d'une immense plaine de rizières; ses rives, couvertes d'arbres à fruits comme celles des grands stungs laissés en arrière, ont des villages si rapprochés, si nombreux, qu'on croirait n'avoir devant soi qu'une seule et vaste agglomération.

Spean-chey et Moung sont deux grosses bourgades, presqu'en face l'une de l'autre à l'entrée de cette plaine, la première à gauche, la seconde à droite du chemin. C'est au magnifique village de Kompong-thma qu'on franchit d'habitude la rivière.

Le stung Chinit y a 35 à 40 mètres de large; malgré l'époque avancée de la sécheresse, il a encore six pieds d'eau transparente; ses berges, une superbe terre végétale, ont 6 à 7 mètres de hauteur.

Il vient de la province de Melou-prey et porte d'abord les noms de stung Darh et de stung Baroung; les voyages du docteur Harmand et l'itinéraire de M. Garcerie ont fait connaître la partie supérieure de son cours. Il débouche dans le bras du Lac, à 45 milles au Nord de Pnom-penh, et a sur ses rives, à Somrong-sen, à 27 kilomètres de son embouchure, les gisements de coquilles exploités par les indigènes pour faire de la chaux, surtout connus des européens par le grand nombre d'objets en pierre polie et en bronze qu'on trouve en les fouillant (1).

A Kompong-thma comme dans tout le Cambodge, faute de pont, le passage de la rivière a lieu en barque, moyen peu commode ici en raison de la hauteur des berges, lorsqu'il faut, par exemple, mettre sur l'autre rive des chars de riz. Les produits du pays se descendent du reste presque complétement par le stung.

Celui-ci sert de limite à l'arrondissement de Kompong-svai; sa rive gauche appartient au district de Barai, pays important que la traversée par la route ne fait pas suffisamment connaître.

Don-duong, son chef-lieu, est à environ sept kilomètres du stung Chinit. On y arrive après avoir passé par les villages de Toul-sala, Chamboc et Khon, dans un pays cultivé qui semble s'appauvrir à mesure qu'on avance.

Don-duong est à peine dépassé d'un demi-mille que commence une forêt, juste assez garnie d'arbres pour mériter ce nom.

Le sol est nu, les habitants ayant brûlé les herbes il y a peu de jours; les feuilles sont tombées ou jaunies, la terre à moitié cachée sous des caillous d'une sorte de grès rougeâtre qui, par endroits, émerge en gros blocs jusque sur le chemin.

Les arbres appartiennent aux variétés de *Dipterocarpus* déjà citées, que les Cambodgiens nomment klong, trach, treberg, téal, etc.

Avec la chaleur accablante de cette époque de l'année, la marche sur un pareil terrain est pénible pour les hommes et

(1) *Excursions et Reconnaissances* n° 1 : Rapport sur les objets de l'âge de la pierre polie et du bronze recueillis à Somrong-sen (Cambodge). — Dr Corre.

les bêtes : ni ruisseau ni mare dans les 10 kilomètres du trajet de Don-duong à Chamkar-anlong, lieu de la deuxième halte entre Kompong-svai et Stung-trang.

Le remplacement brusque du sol alluvionnaire sur lequel on marchait depuis le bras du Lac n'a pas été sans causer de surprise, mais elle serait loin d'égaler l'étonnement que ferait naître le territoire de Chamkar-anlong si on n'était prévenu.

A quelques centaines de mètres avant d'y arriver, un ruisseau profondément encaissé est sec; né au Nord, à petite distance, il mène aux pluies ses eaux au stung Chinit.

Sur sa rive droite, le sol est une argile jaunâtre mêlée de sable; la terre de la rive gauche est rouge sanguin violent, grasse; la végétation à droite est maigre, à gauche féerique.

Le village a une quarantaine de cases pressées les unes sur les autres dans un étroit espace en plein bois. Pour leurs besoins, ses habitants ont des puits de 8 à 10 pieds; l'eau a la couleur du sol; reposée, elle est plus trouble que celle du Lac.

Chamkar-anlong (jardin profond) a pris le nom de la forêt. Celle-ci est bien nommée, c'est la plus exubérante du voyage. Pendant les 15 kilomètres qu'on fera sous son ombre, elle ne se modifiera pas un instant.

Deux autres villages, Ang-choeung et Lovéa, près du chemin, dans une situation semblable au précédent, ont son importance.

Des cocotiers, des orangers, des jacquiers, etc., tous ces arbres à fruits que les indigènes plantent autour de leurs cases dès qu'elles sont debout, indiquent en plusieurs endroits l'emplacement de hameaux abandonnés, mêlent leurs branches à celles des arbres de la forêt qui ont vite eu pris place sur le sol vacant.

Les géants de la forêt sont de superbes coki (*Hopea*) (?), des teals (*Dipterocarpus*), des pedierck (*Anisoptera*), d'énormes cherei (?) et des trebec prey (?) auxquels les Cambodgiens donnent le nom de goyaviers sauvages et dont les troncs à écorce lisse semblent, avec leurs replis et leurs ondulations, drapés dans les toiles d'une énorme voilure, comme des mâts de navire dont les voiles pendraient traînantes sur le pont.

Diverses variétés de rotins, des bananiers sauvages d'une petite espèce, plusieurs sortes de palmiers dont les indigènes prennent les fruits en guise d'arec, sont assez répandus.

Une des coquilles les plus communes est une variété de *Cyclostoma;* l'émail de sa bouche a pris la teinte rouge du sol.

Les habitants de la forêt souffrent beaucoup de la fièvre; ils succombent souvent à ses atteintes; elle est une des principales causes de l'abandon fréquent des terrains où sont bâties les cases. On cherche un quartier plus propice, plus sain, qu'il faudra sans doute aussi quitter trois ou quatre ans plus tard.

Le passant européen fatigué ne s'étonne pas d'avoir à payer tribut à ce mauvais génie des forêts. Les indigènes s'inquiètent bien autrement que lui de le voir malade. — S'il allait dans le village lui arriver malheur, dans quel embarras on serait! — Il n'est pas, dans ce cas, besoin de marchander longtemps pour trouver guide, chars ou porteurs.

La forêt s'arrête à Cheroc, vingt maisons près d'un marais.

Il faut traverser celui-ci, de l'eau jusqu'à mi-jambe. Large d'un demi kilomètre, il est formé par le au Lomnach, ruisseau de 4 mètres, profond de 3 pieds, coulant à pleins bords vers le stung Chinit.

De tous côtés, le riz tardif se plante, des villages se montrent dès en quittant Cheroc; ils sont sur le bord ou à proximité du petit cours d'eau que l'on passe à Speu, résidence du chef de l'arrondissement de Stung-trang.

Le au Lomnach sépare Stung-trang de Barai.

Speu est un centre assez fort, presqu'exclusivement habité par des Chams.

Ces derniers peuplent aussi les villages en vue à droite et à gauche sur la rive gauche. Ils récoltent une assez forte quantité de riz, élèvent des bœufs et coupent des bois dans la forêt.

C'est à Speu que la majeure partie de la gomme-gutte recueillie dans le Nord est vendue; les acheteurs chinois, pour l'avoir à meilleur compte, viennent jusqu'ici au-devant des colporteurs qui arrivent à la fin d'avril et en mars.

La gomme-gutte des forêts de la rive droite du Mékong est de qualité inféreure à celle des bords du golfe de Siam (recueillie presqu'exclusivement dans les arrondissements khmers de Kampot, Kompong-som et Thepong, et dans les provinces siamoises de Kakong et de Kratt). Elle vaut à Pnom-penh environ

45 piastres le picul. La quantité apportée sur le marché, en dehors de celle livrée comme impôt au gouvernement cambodgien, est de plusieurs centaines de piculs.

Un négociant européen, venu sur les lieux pour acheter ce produit en 1881, ne put, à cause de la concurrence chinoise, s'en procurer que pour une dizaine de mille francs, en trois semaines.

De Speu à Sophéa, en dépit de la saison, le pays continue à être humide en de nombreux endroits; cette particularité mérite d'être remarquée. L'avenir n'est sans doute pas éloigné où on tirera parti de la valeur de ces terrains à peine remués par une population insuffisante, qui n'a pour ainsi dire pas intérêt à faire produire le sol en dehors du strict nécessaire à ses besoins.

Les villages sur le trajet ont nom : Antiey-chey, Trepang-russey, Ansa-cherei et Trepang-tla. Tous ont une importance minime. A mi-chemin du premier au deuxième, coule le Au Trepang-russey. Large de 8 mètres, il a encore un gros filet d'eau entre des berges de 12 à 15 pieds. Son fond, ici, est rocailleux; venu de hauteurs peu éloignées dans le Sud, il va vers le Nord joindre le stung Chinit.

Sophéa est aussi fort que Speu, dont il est distant de 24 kilomètres; de ce village au Bung-knail, grand marais barrant la route et se déversant dans le Mékong par un petit arroyo nommé prec Kah, le pays est uniquement cultivé en rizières; on y rencontre les deux belles bourgades de Lovéa-cheroum et de Toul-pecklan.

Toutes deux se trouvent en dedans des limites de l'inondation du Grand-Fleuve, dans le bassin duquel on commence à entrer. La dernière voit ses champs se couvrir chaque année de près de 2 mètres d'eau; les cases sont sur une très légère éminence.

Une sorte de bac, organisé par des Cambodgiens, formé de radeaux en bambous assez bien installés pour porter chars et bêtes, sert au passage du Bung-knail.

Large d'une centaine de mètres, celui-ci a 8 à 10 pieds de profondeur. La différence de son niveau actuel avec celui du Mékong, à peine éloigné de quelques kilomètres, est de plusieurs mètres; l'eau s'en va par le prec Kah, qui n'est point navigable à cause de sa pente rapide et aussi, lorsque les eaux sont hautes, à cause de la quantité d'arbres morts tombés, d'une rive à l'autre, en travers sur son lit.

Le marais est sans doute alimenté par les ruisseaux venus des collines de Stung-trang, en vue au Nord, et jusqu'au pied desquelles il s'étend. Des pêcheries annamites sont installées à l'entrée de la petite rivière et sur plusieurs autres points du Bung.

Le trajet s'achève jusqu'au Mékong par la traversée d'une forêt sérieusement exploitée et dans laquelle les belles essences sont, par suite, devenues rares.

L'inondation a laissé sa trace sur les arbres.

Dans de très mauvais chemins se croisant, on rencontre à chaque pas des buffles attelés deux par deux, quatre par quatre, à de fortes colonnes fraîches coupées; des charrettes, lourdement chargées de petits poteaux généralement destinés aux pilotis des cases. Les uns et les autres marchent vers la rive.

Les paons très nombreux, point chassés, sont peu craintifs sur les branches où ils reposent.

Des arbres, que la hache des bûcherons met à terre, en tombant causent la fuite de polatouches de diverses espèces, endormis le jour dans les trous qu'ils se sont creusés dans leurs troncs. Ces jolis animaux, aussi rares à voir que difficiles à prendre, entraînent à leur poursuite le voyageur séduit par leurs gracieuses envolées, plus curieux de jouir longtemps de leur singulière fuite que désireux de les atteindre.

Les panthères et les tigres ne sont pas rares dans ces parages : le gibier et aussi les animaux domestiques des riverains les attirent.

On trouve quelquefois sur le sol, là comme du reste dans tout le Cambodge, des petits blocs, de la grosseur d'une moitié de pomme, d'une matière blanche se rompant facilement, produisant une poussière fine, semblant un morceau de chaux, ayant une forte odeur ammoniacale.

C'est, disent les indigènes, du lait de tigresse desséché.

La tigresse, d'après eux, gênée par son lait, soit parce que ses petits sont morts, soit pour une autre cause, s'en débarrasse en pressant rudement ses mamelles sur le sol; c'est aux traces laissées par les griffes dans la terre qu'ils en reconnaissent l'authenticité.

M. le Dr Harmand, qui en a également vu dans ses voyages, a reconnu après analyse que le dire des indigènes pouvait être accepté.

Le lait est très épais ; il devient sec rapidement.

Les Cambodgiens le boivent délayé dans l'alcool pour guérir une foule de maladies et surtout pour se rendre des forces disparues.

Ce produit se vend fort cher ; il est remarquable que le lait de tigresse est le seul dont les khmers fassent usage.

Les Annamites l'emploient pour guérir les maux d'yeux.

Les plantations des habitants de Stung-trang empiètent sur la forêt où le feu et la hache tracent chaque jour de nouveaux défrichements. Elles sont variées comme celles dont les rives du Grand-Fleuve sont partout couvertes : coton, mûrier, indigo, tabac, maïs, canne à sucre, et s'étendent jusqu'aux cases construites en grand nombre sur le bord d'un étroit chemin longeant la berge.

Jusqu'au moment même où celle-ci est atteinte, le feuillage d'énormes arbres fruitiers empêche d'apercevoir les eaux bleues du Mékong.

....

....

Grâce à l'amabilité du commandant de la canonnière *le Harpon* (1), mouillée devant Stung-trang, prête à rentrer en Cochinchine, le voyage s'acheva jusqu'à Phnum-penh à bord de ce bâtiment.

---

(1) M. Bonnaud, lieutenant de vaisseau, terminait dans le Grand-Fleuve une mission, dont le compte rendu se trouve au 9e fascicule des *Excursions et Reconnaissances*.

TABLE DES CHAPITRES.

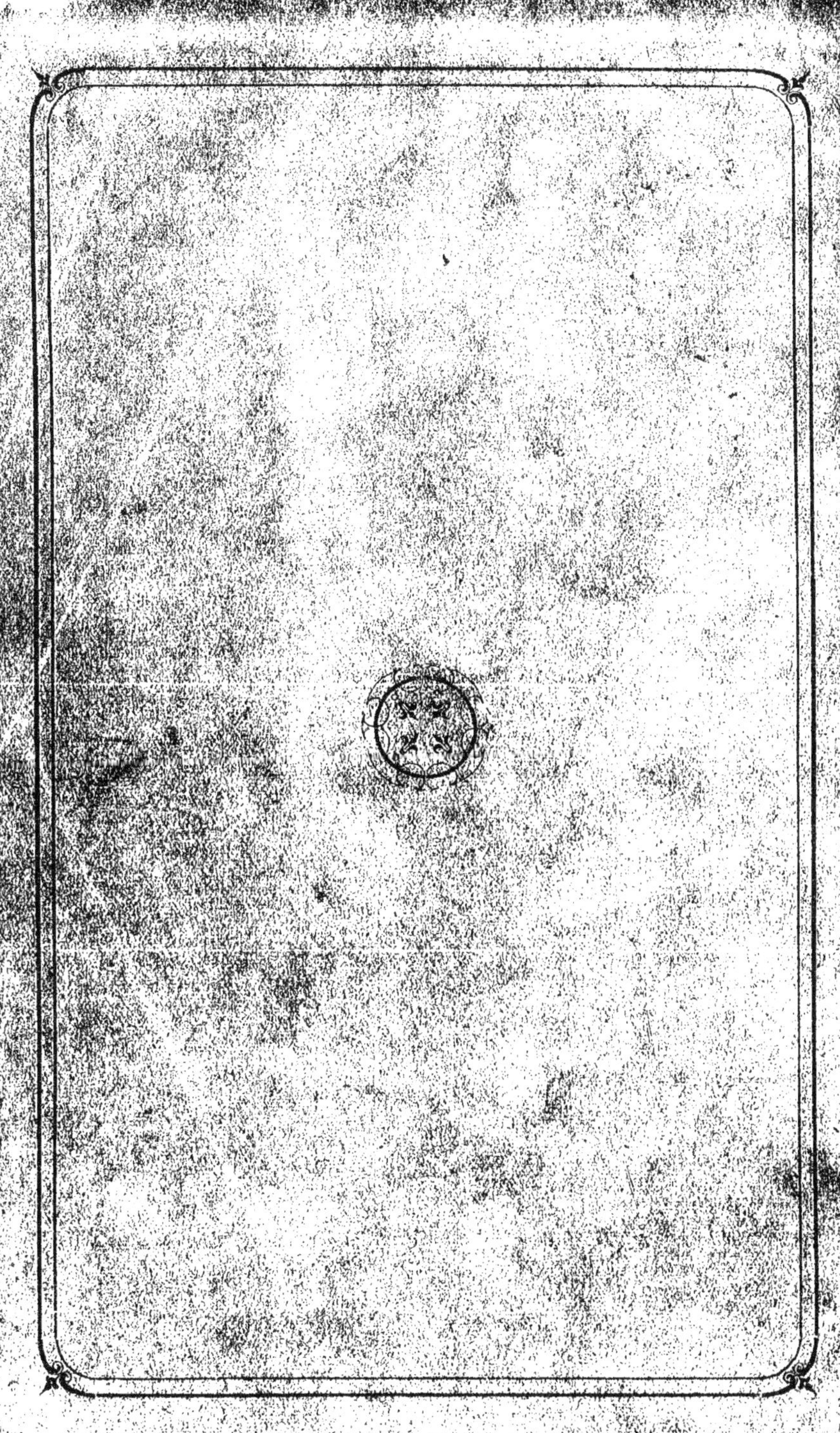

Contraste insuffisant
NF Z 43-120-14

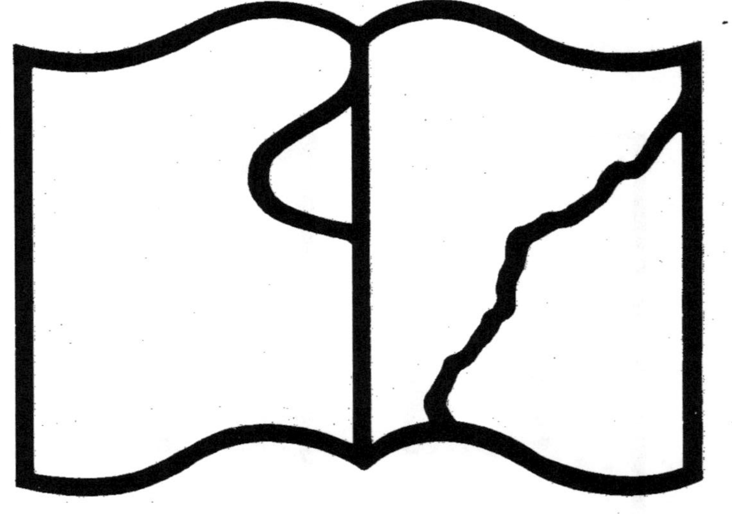

Texte détérioré — reliure défectueuse

NF Z 43-120-11

www.ingramcontent.com/pod-product-compliance
Ingram Content Group UK Ltd.
Pitfield, Milton Keynes, MK11 3LW, UK
UKHW020245250726
13967UKWH00004B/1525

9 782012 885455